设计师成名
接单术

DESIGNER BUSINESS METHOD 龙涛 编著

U0350572

江苏凤凰文艺出版社
JIANGSU PHOENIX LITERATURE AND
ART PUBLISHING, LTD

图书在版编目（CIP）数据

设计师成名接单术 / 龙涛编著. — 南京 ： 江苏凤
凰文艺出版社，2018.6
ISBN 978-7-5594-2030-5

Ⅰ . ①设… Ⅱ . ①龙… Ⅲ . ①室内装饰设计 Ⅳ.
①TU238.2

中国版本图书馆CIP数据核字(2018)第094059号

书　　　名	设计师成名接单术	
编　　著	龙　涛	
责 任 编 辑	孙金荣	
项 目 策 划	凤凰空间/翟永梅	
封 面 设 计	李维智	
内 文 设 计	李维智	
出 版 发 行	江苏凤凰文艺出版社	
出 版 社 地 址	南京市中央路165号，邮编：210009	
出 版 社 网 址	http://www.jswenyi.com	
印　　刷	山东临沂新华印刷物流集团有限责任公司	
开　　本	710毫米×1000毫米　1／16	
印　　张	13.25	
字　　数	169千字	
版　　次	2018年6月第1版　2018年6月第1次印刷	
标 准 书 号	ISBN 978-7-5594-2030-5	
定　　价	68.00元	

前　言 ｜ 让你成为擅长利用互联网手段实现自我营销的接单大师

　　为什么那些设计大咖动不动就收几百万元的设计费，单子还接不完，而普通的设计师分文不收还签单困难？这是值得所有从业者深思的问题。

　　说到这里，可能有人会说，设计大咖有名气，当然可以接很多的单子、收很高的设计费，是这样吗？

　　那我此时想问你，难道他一开始就有知名度吗？

　　当然不是。

　　那又是什么原因让他们成为设计大咖的呢？

　　其实，做了多年的设计以后，你会发现，设计的技巧并不难掌握，只要不断学习，提高自己的创新能力即可。而难点在于，如何让客户找到你，信任你的实力，愿意让你为他做有品质的设计……

　　《设计师成名接单术》就是教设计师如何用当下

最有效的营销工具（微信）和互联网营销方法论，快速打造设计师的行业知名度和影响力。

本书分为九个版块，从设计师成名经济概论到成就明星设计师接单的具体执行细节、营销手段都一一讲解，学完整套体系并有效执行，就能让设计师成为客户心中的设计大咖，从此拥有轻松接单、潇洒生活的精彩人生。

书中所有的营销技巧、设计师未来发展方向的定位方法均为本人实践、运用且取得成功的实战秘诀，只要你坚信并执行，一定会取得巨大成就。

接下来，我们一起进入精彩的适合设计师使用的"设计师成名接单术"的营销世界……

编者

2018 年 4 月

目 录

目录
Contents

DESIGNER BUSINESS METHOD

第 1 章

设计师成名接单经济论

什么是设计师成名接单术？

————

众所周知，无论何种行业的从业者，知名度越高，接单就越容易，就像国内的设计大咖们一样，他们从不缺项目，甚至有的设计大咖讲一堂课就有很高的出场费。

那么，设计师成名接单术是在什么样的条件下产生和使用的呢？

移动互联网与智能手机的普及、自媒体的出现，使得每一个人都有在互联网上发表意见的机会，这就产生了意见领袖，而意见领袖就是一个自明星，人们心中的大咖。作为设计师，就是学会利用意见领袖这一角色，成为客户心中的设计明星。

所以，设计师成名接单术的一个关键词是"设计自明星"，即设计师利用互联网自媒体的包装力量实现轻松接单的目的。

什么叫设计自明星？

一般来说，明星总是让人感觉遥不可及，我们只能通过电视、网络才能看到或者了解到他们的信息。你知道他的存在，而明星却不知道你的存在，粉丝永远只是粉丝，在明星那里很少有存在感。

而设计自明星截然不同，他就在我们的身边，就在我们的生活里，随时随地可以互动交流。任何一个设计师个体，都是一个设计自明星（在本书后面的章节中，设计师成名接单术的载体都统一用"设计自明星"的概念表述）。

那么，我给你分享一个我的经历，你就知道什么叫设计自明星了。

2011 年初，我开始写关于软装行业的电子书。据数据统计，我的电子书的下载量达到 300 万次，也因此，很多软装培训机构找到我（当时我还没有成立现在的软装学院）。直到现在，还有很多看过我电子书的人找我做设计。

2014 年初，我开始定位做软装行业最专业的营销策划专家，之后陆续写了几本软装行业前景和软装行业营销接单的电子书。数据统计，总下载量已经突破 500 万次，其中一本电子书的内容被新浪家居频道发布出去，目前的总阅读人数突破 42 万人次（见下图）。

就是这篇文章，两年的时间，给我带来了至少 200 万元的收入。

其实，这就是设计自明星的作用。在传统的思维里，我们永远做不了设计明星，因为我们没有大的成功案例，也没有人找我们做那些大项目，或许也做不了那些大项目。

但是，如果从设计自明星的角度去思考，这是截然相反的。我在互联网上发布了一篇文章，有几十万人浏览，而这些人觉得我的理念不错，就加我为微信好友，有的找我做设计，有的找我学软装设计。在这些人眼里，我就是软装设计的意见领袖，在这个垂直的领域，我就是设计自明星。

看到这里，你应该知道，什么是设计自明星了。在传统的思维里，我们认为设计明星就是被很多媒体报道、很多商家邀请、被人们追捧、可以影响几百万设计师的那种。

而设计自明星的思维却是，就算你只能影响几十个人，那么，在这几十个人的心目中，你就是明星。只要你在客户不懂的领域有绝活，比他们专业，能真正让他们学到知识，你就是精神领袖，就是设计明星，而普通设计师只要做好几十个客户心中的专家即可。

所以，只要你在设计领域有自己的思路，有自己的设计思维和想法，你就可以通过互联网的方式去放大你的思想，影响更多的人。当然，这个时候你一定会想，我会的很简单，估计别人都会，我不好意思分享。

其实这样的想法是正常的，但是也是错的，问题的根源不在这里，根源在于我们永远不满足自己的现状，也没有认真去总结自己。

这里举一个我的例子：2017 年 4 月，我开了一期装饰行业转型互联网营销的三天两夜课程。虽然只做了 12 个课件，但是没有想到的是，我竟然连续讲了三天的装饰行业互联网营销技巧，学员也收获很多，觉得带回去使用就可以产生效益。其实，我感觉很多东西都还没有讲透，课程就结束了。

但是在平时，我们都还是不满足，总是觉得自己没有过硬的东西，主要是因为我们总是有意识地去跟比我们更厉害的人对比，这样一比，我们当然不懂什么。所以，从你看到我的这本书开始，请你开始用逆向思维去思考问题。

这是一个多维度的世界，虽然你懂的很多人都懂了，但是必然也有很多不懂的人，你只需要去影响那些不懂的人，并且在他们的心目中成为意见领袖即可。

例如，你如果跟你的同行比设计能力，你不一定是最好的。你懂的，他们也懂，甚至懂得更多，但是你跟客户比，跟不懂设计的人比，你就是他们心中的专家。

因为他们没有你懂设计，并且你的客户不一定都需要高精尖设计的人群，他们之中很多人因为经济、习惯等原因，更需要符合他们需求的设计师，这些都是你的潜在客户。就像我的文章，被新浪家居发布出去以后，超过42万的浏览量是一样的，这其中很多人是不懂设计的，他们需要你专业的指引，帮他们学习设计方面的知识，从而获得他们对你的信任感。

我只需要给适合的人看，我也只需要影响适合的人，无须影响比我厉害的人，这种受众群体已然很庞大了。

为什么要做客户心中的
设计名师？

这是一个需要信任的时代，从心理学的角度来说，人与公司是很难产生感情的，因为很多公司都是冷冰冰的。在大多数人的潜意识里，都有这样的想法，所以，从一开始就对公司有内心的抗拒。

而人与人之间却不同，人与人天然就容易建立感情，人是有生命的，有温度、有情感、有个性、有思想，可以通过交流互动建立关系，从而达到信任的目的。

其实，我举一个例了，你应该就明白了，我们谈单的时候，多半都是因为客户信任我们而跟我们签单，而不是因为先信任公司才跟我们签单（因为如果不是超级有名的公司，很多客户签单的时候甚至都不记得公司的名字，但是他记得你——他们对接人的名字）。

下面，我分享三个案例，你就能从中找到答案。

案例 1 传统软装培训机构招生越来越困难，甚至很多在线软装设计师培训机构面临倒闭，但是我的软装学院却在三年的时间内，成为中国软装培训行业规模最大、学员人数最多且唯一实现软装设计师O2O教学模式的机构。

为什么我们能取得这样的成绩，其实是采取以下两种形式实现的：

（1）每天分享一篇精选的软装方面的文章，发布到相关媒体上，把我变成软装行业的代言人，成为设计师、软装设计爱好者崇拜的对象，建立专家形象。

（2）我们的机构采用免费教学的模式和自媒体宣传模式，通过视频课程和专业文章知识分享，吸引对软装感兴趣的人，让他们关注我们的课程，最终成为我们的学员。

案例2　很多设计大咖开始建立自己的公众号和粉丝群，并在各种公众场合讲课、搞设计论坛。

在传统时代，这些设计大咖是用书来宣传自己，而现在，他们开始使用微信公众号、微信个人号宣传自己，建立自己的粉丝群，并采取各种形式，与自己的粉丝亲密互动、连接，增强信任感，提高知名度。同时还在各种公众场合演讲、搞设计大咖高峰论坛等。

其实，很多设计大咖主要是通过这些方式获取更多有质量的设计大单。

案例3　中国自媒体的代表人物——"罗辑思维"的罗振宇，就是利用自明星的方式成为国内图书销售最厉害的自明星。

2012 年 12 月 21 日，知识型视频脱口秀"罗辑思维"正式上线。

2013 年 8 月 9 日，"罗辑思维"推出"史上最无理"的付费会员制，仅半天就告罄，轻松入账 160 万元。

2013 年 12 月 27 日，"罗辑思维"二期会员招募，且限定微信支付，24 小时内招收到 2 万会员，入账 800 万元。

"罗辑思维"推出的 58 期视频，每期视频的平均点击量超过 100 万次，微信公众号上"罗辑思维"的粉丝已经超过 108 万人。

2015 年过去，"罗辑思维"这个微信小书店，从不定期上新书到每周五固定上新书。从开始的三五本书，到如今独家在售的将近 60 种图书。一年的图书销售额超过了 1 亿元人民币。

从以上三个案例中不难发现，他们背后都有一个共同的特性，那就是"人格化"，都知道背后的人是谁。其实这个东西原本就存在，但是在这个高速发展的信息时代，人们运用互联网工具，让这些人走进了公众视线。

在以前，没有自媒体平台的时候，人与人之间没有那么容易产生连接。就算你很厉害，设计方案很出色，也很难让人知道，因为传统的发声渠道只有电视、报纸、杂志等，而这些渠道并不是你自己能控制的，所以，以前做生意基本就是公司与客户之间的关系。

而现在截然不同，只要你有专业实力，再学会用自媒体工具做营销，就可以通过互联网这个工具向世界展示你的作品，从而获得认可你的粉丝和客户。有了粉丝，自然就有客户。

在装修行业，以前设计师们只能通过做电话销售和会议营销，然后再转换成实际的客户，这样的行为现在已经无效或者效果极差。众所周知，电话销售极度令人反感，智能手机可以直接显示和拦截推销广告。

而设计自明星不同，他们可以通过分享实实在在的设计知识、贡献价值来获得客户的信任，获取大量的粉丝，然后再通过给客户和粉丝提供专业的服务来获取收益。

设计名师能做什么？

———————

在设计领域，一旦你拥有自己的粉丝，就可以通过自己的专业实力和影响力做很多事情，比如你可以接项目、做设计师培训、销售软装产品、众筹书籍、建立弟子群等。下面我将通过两个案例来解剖设计自明星的好处。

案例一："中国软装行业营销策划第一人"——龙涛。

我在前面的内容中分享过，我从 2014 年开始写关于软装和软装行业营销的文章，把文章发布到我的个人网站、QQ 空间、微信公众号、今日头条、一点资讯等自媒体上，每一天能给我带来几十至上百位微信好友。

到目前为止，我的微信好友和 QQ 好友达到 5 万多人，每年从这里产生的收益达到 200 万元。同样利用设计自明星的宣传策略，公司所有员工的微信好友数量总计 200 万人，让公司的业绩从最初的每年 100 万元到现在的每年 500 万元，而且随着时间的推移，每一年的业绩都在以较快的速度上升。

如果你是一个设计师，用设计自明星的策略，一年时间你积累的有效粉丝达到 5000 到 10000 人，一般可以实现 100 万元以上的收益。例如在我的一堂课上，有一个学员说，他只有 4000 多个粉丝，一年可以给他带来 100 多万元的收益。

案例二：找他做装修需要排期。

一个做了 7 年的装修公司，虽然有设计实力，但缺乏宣传，导致业绩平平，但是从 2015 年之后，开始采用设计自明星的模式，在微信公众号上宣传他们的设计案例和设计理念，通过三个月的时间，快速提升了知名度和影响力。

找他们做设计的客户越来越多，这个时候，他们开始对不符合他们理念的客户"SAY NO"，而且所有的客户都需要排单。虽然他们的客户排单都已经排到几个月之后，但却更提升了他们的魅力，使客户更信任他们。

仅仅是一个公众号，三个月的时间就积累了几万人的关注，带来很好的收益。作为设计师的你也可以实现，设计自明星的能量超乎你的想象。

DESIGNER
BUSINESS
METHOD

第 2 章

设计师成名接单
营销方程式

设计师成名接单营销藏宝图

通过前面的介绍，你已经知道设计自明星的作用和重要性，但是，如果你想要走"设计自明星"的道路，就不能抱着走一步算一步的心理来做，因为这样你几乎不可能成功。

所以，在你决定做"设计自明星"的时候，你就需要拥有全局化的视野、明确的目标和定位，不然就很容易走偏，半途而废。

那么，如何才能有全局化的视野、明确的目标和定位呢？

其实非常简单，只需要在你确定做设计自明星之前，就知道你未来的定位是什么，你想要得到什么样的结果，明确每一步要如何走，每一步之间如何关联、怎么执行，而不是懵懵懂懂、走一步看一步，靠运气。

例如：你定位做软装设计师，而软装设计师太宽泛，无法让你有特点，也无法快速地宣传自己，但是如果你定位酒店软装设计师或者民宿软装设计师的话，就很容易出名。就像我的定位是"中国软装行业营销策划第一人""设计自明星包装导师"一样，听到这些称号，自然就知道我是中国软装行业里很会做营销的人，也知道我是设计自明星包装大师。

所以，通过多年的不断摸索、测试、实战、论证，我总结了一套适合"设计自明星"成名的运作模型。这个模型就像一张挖掘宝藏的藏宝图，你只需要顺着它的指引走，就可以轻松通往"设计自明星"的殿堂，提升知名度，成为行业大咖。

拥有这张藏宝图，再加上自身过硬的专业技能，你就能行走天下，不用摸着石头过河，不用因接不到单子而苦恼。

下面，我们来看看这张"藏宝图"：

设计师成名接单营销导图

定位　→　吸粉　→　转化　→　终身价值　→　铁杆粉丝

不错，就是这张导图里面隐藏着不为人知的神奇力量，但是，如果这张导图不由我为你一一解析，它对你来说可能就是一张图片而已，没有任何意义。就如电影里的情节一样，有的人拿着藏宝图还以为是山水画。

接下来，我将用 6 个小节的内容帮你探索出属于你的"设计自明星"宝藏！

设计师成名接单定位术

———————

消费者的头脑里有一级级的小阶梯，会对产品做出高低区分，不管是设计师还是装饰行业的企业，要做的就是抢占阶梯的第一层。

举个例子：人们都能够说得出历史上第一个登上月球的人是谁，又有多少人知道第二个人是谁呢？但是，如果第二个登上月球的人是女宇航员，关注度就会显著提高。

其实，定位理论还有一个新的发展方向，就是不能再简单地讲求第一、第二的问题，而是要开始寻找产品本身更具差异化的特性，这也是对消费者的认知进行的更深入的管理。

那么，我举一个我的例子，你就明白了。

我的对外宣传是"中国软装行业营销策划第一人"，

这个定位可以实现两个目的：

第一，我是做营销的，但我不是什么行业的营销都做，而是只做软装设计行业的营销，这样定位更精细化、更垂直、更易分辨。如果只是简单地说营销，或者是室内行业的营销，那都不够细分，无法突出我的优势和与其他营销者的不同。

第二，我不但只是做软装行业的营销，我还是"中国软装行业做营销策划的第一人"。从消费认知上可以看出，我在别人的心里是"第一人"，没有谁比我更牛。

所以，对于设计师而言，要想做设计自明星，就要学会定位自己，选好自己的方向。

例如：你定位硬装设计或者室内设计师，你就很难出名，因为比你做得好的设计师太多了，大咖云集。但是，如果你定位全案设计师，以目前的市场情况来看，你还有机会让别人知道你，但还是缺乏精准性和唯一性。

如果你想要更精细化的定位，你应该将定位更细分。**例如**：窗帘壁纸搭配设计师、民宿软装设计专家、五星级酒店软装设计专家、餐饮行业软装设计专家，这样定位以后，你再按照本书所写的营销技巧来宣传自己，并不断提升自己的业务能力，几年以后，你就有可能成为这个领域内非常有话语权的人。

如何把潜在的客户变成
实际的客户？

────────

　　不管你是独立设计师、开设计工作室、开设计公司还是卖软装产品的商家，从你确定为客户提供服务的那一刻开始，你基本是没有客户的，或者说没有足够的客户（你可能通过以前的工作积累了为数不多的一些客户）。做设计自明星也是一样，从你打算做"设计自明星"的那一刻开始，你是缺少粉丝的（粉丝等于潜在客户，在本书的后面章节中统一用粉丝来代表潜在客户）。

　　因为有粉丝，你才会有客户，有客户才能有收益，才能称得上是"明星"，粉丝数量的多少决定你的影响力，**决定你的"收入"**！

　　那么，即使你没有粉丝，也不用担心，因为你的粉丝一定存在于这个世界上，他可能已经是别人的粉丝，只是他还没有发现你的存在，没有成为你的粉丝而已。

　　也就是说，你没有客户也不用担心，因为他已经存在，关键是你要如何找到他，让他跟你成交，成为你的客户。

其实，这是一个很简单的过程，我们第一步要做的就是找到符合我们需求的粉丝，然后把他们**"吸引"**过来。

那么，前提条件是你要明确地知道，你的粉丝的**"人群画像"**，然后寻找他们的聚集地，我们称之为**"客户鱼塘"**。客户鱼塘有大有小，吸引的方式也有所不同。

所以，在做"设计自明星"之初，我们就要定位要影响什么样的人，他们才是我未来的客户和粉丝。我们微信朋友圈的好友就是我们的原始数据，但是，仅仅靠微信的几百个好友是解决不了问题的，这个时候，你需要寻找属于你的客户人群。

对于设计师而言，需要影响的是有装修需求的客户，只需要找到地方装修论坛、地方装修贴吧、地方装修微信群、地方业主群、地方装修客户群及天涯、豆瓣、各种自媒体平台的装修装饰频道、装修行业的 APP 等，这些地方拥有巨大的潜在客户人群。

你需要快速地找到属于你的客户鱼塘，在这个客户鱼塘放下一个**"鱼饵"**，就有可能把鱼塘里的鱼转换成自己的粉丝和客户了。

吸引粉丝客户

在前面部分已经讲过了，要想获得潜在客户，就要寻找属于自己的客户鱼塘。当你看到很多鱼在你面前晃过，要如何做才能把这些鱼给钓上来呢？

想把鱼塘里的鱼转换成自己的粉丝和客户，需要你设计一个**"鱼饵"** + **"鱼钩"**，这样才有可能转换过来，因为你不可能空手去鱼塘里面捞鱼。

那么，什么是"鱼饵"和"鱼钩"呢？

其实非常简单，"鱼饵"就是一个媒介或者载体的统称，可以是一篇文章、一张图片、一段语音、一个视频、一个简短的文案等。重点是你设计的"鱼饵"，是你的粉丝客户所关心的内容，并能从你发布的东西里受到启发，学到自己想要的知识，否则你的粉丝连看都不会看。

接下来就是设计"鱼钩"的问题，虽然你设计了一个非常香的"鱼饵"，没有"鱼钩"的话，鱼儿只会吃得很香，但是你还是抓不住他，也就是说，他可能很喜欢你提供的东西，但是他没有加你为微信好友。

所以，我们必须在"鱼饵"里面包一个"鱼钩"，"鱼饵"用来吸引粉丝，"鱼钩"是让粉丝加你为好友的动力。

例如，我写过很多关于软装行业前景和软装行业营销策划的文章，这些文章都从一定的高度解剖软装行业的发展及软装行业营销策划的法则，而且这些文章都是在帮助软装设计师、软装行业从业者解决实际问题。

那么，这些文章就是超级好的"鱼饵"，因为这些都是大家喜欢的内容。但是，如果仅仅是这些高质量内容，并不足以让粉丝的数量上升，因为大部分人都只会看看，并不会加你为好友。

所以，在文章的最后，一定要留下一个让粉丝加我们的主张，这个主张就是"鱼钩"。

通常我会说："我是某某，相信这篇文章给你很多的启发与灵感，如果你扫描下方二维码加我为微信好友，我会赠送你一份价值××××元的软装行业营销策划电子书，名额有限，每天仅限 5 人"。通过这样的一个"鱼钩"，最多的时候，一天可以有 200 个人加我，然后获取电子书，最后成为我的客户。要记住，你的赠品也一定要货真价实，不能因为是赠品就敷衍，不然很有可能要"上钩"的鱼儿再次跑掉。

把粉丝转换成收入

————

通过一段时间的付出，一定会积累一批认可你的粉丝，到这个阶段的时候，我们需要把粉丝转换成实际的收益，因为你做"设计自明星"的最终目的还是通过这种方式赚钱生存的。

这也是我写这本书的目的，因为太多人只知道在专业领域提升而不懂得宣传自己，不懂得如何打造影响力，不懂得把影响力转换成收入。所以，很多设计师空有一身本事却过得很辛苦，没有双休，天天加班做方案，连基本的生活都没有，这就是很多人的痛苦之处。

如果你如我所说，从这一刻开始抛弃以前的传统观念和工作模式，重新整理思路，重新定位自己，用书里的技巧，包装自己、经营自己的影响力，就能够让自己很轻松地找到客户并成为他们心中的设计大咖。

那么，你要想把粉丝转换成客户，转换成收入，请你做好以下三件事情：

1. 信任问题：首先你需要明确转化成交的对象与你是否有信任关系，不要以为他是你的粉丝就一定信得过你，那都只是一厢情愿。那么如何快速解决信任问题，在这里暂不赘述，在后面的章节中会详细讲解。

2. 风险问题：如果说你的粉丝客户信任你，但是他们依然犹豫，那是因为他们害怕上当受骗，怕你不能更好地为他服务，害怕你一个人做不好。所以，你不但要敢于承诺，更要勇于承担他们的一切风险，否则他们无法轻松地与你成交。

3. 营销流程：如果你确定信任问题解决了，风险问题也没有了，那么接下来要做的就是设计一个极度简单的成交转化流程，要不用思考就知道会得到什么，简单操作就可以得到，不要搞很多步骤，让粉丝没有行动的欲望。

例如：你经常看到朋友圈有很多活动，活动也很有诱惑力，但是要求你做的事情太多，所以效果就会变差，因为操作的步骤太多了。

当然，一旦你把这些全局性的问题都解决了，成交就变得越来越轻松。因为这个版块的内容都是为了先打开你的思路，所以，我就不在这里把每一个问题细讲出来，在后面的章节中我会分享大量的实战案例，带你体验多种神奇的成交转化策略。

挖掘客户的终身价值

———————

凡是与你成交过的粉丝客户，对于你们之间的关系来说，已经跨越了基本的信任障碍。

你要知道，在目前的商业中，大多数的公司和设计师的签单客户中，90%的人都只做了一次成交转化，然后又投放广告或者通过其他方式寻找新的客户，然后再成交转化，周而复始，导致公司营销成本越来越高，获取新客户的难度越来越大，直到最后唉声叹气地说**"生意难做"**。

如果你翻看你的成交订单记录，你会有惊人的发现，你以前成交过的客户加起来有几百或者几千人，但是你却没有放大他们的终身价值，你花了巨大的代价让他冒险与你成交一次了，跨越了基本的信任障碍，然后你又不理他了，这难道不是一个巨大的浪费吗？

当然了，可能你会说，做装修的没有二次消费，或者说二次消费太少，其实是因为我们的商业模式有问题，我们现在需要打开思路，调整我们的商业模式。

让与我们成交过的客户粉丝，持续地购买我们的产品或者服务，这样我们就永远不用担心明天后天有没有生意，也不用花费大量时间开发新客户，而且通过与老客户再次交易还可以降低营销成本，提高利润。

那么，如何挖掘客户的终身价值呢？

其实非常简单，只需要我们做后续追销即可，**而"追销"分为两种形式："纵向追销"和"横向追销"**。

（1）纵向追销：产品本身就是消耗品。例如：面膜、水果、衣服等重复消费的产品。你要做的就是维护客户关系，让客户买完了还要继续来购买，但是在我们的装修行业，纵向追销就几乎没有了。

（2）横向追销：你的产品或者服务一年或者几年才买一次，或者说一辈子就只买一次，那么传统的本有追销模式就属于天方夜谭了，这个时候，我们需要分析购买产品的人还会购买什么？

其实，对于装修行业的客户，装修虽然只有一次，可是他们却有横向需求。他们做完装修，还需要安装窗帘、购买家具、灯具、挂画等。试想一下，如果你在原有成交的基础上，再次成交软装产品，那么，在你的成本没有变化的基础上，你的利润是不是也会提升了呢？

但是，大部分设计师、装修公司都只局限于自己的产品和服务，局限于自己的行业，没有想过客户还有什么样的需求。其实，在装修之外，客户还有很多需要解决的问题，如果你能帮助他解决，甚至提前提供参考意见，他为什么不找你呢？

毕竟客户永远不会感觉踏出第二步比第一步难，因为他已经与你成交过一次了，信任障碍已经跨越。

所以，在装修行业，我们要学会通过每一种追销不断提高客户的终身价值。以前我们从客户身上赚了1万元，之后就不管他了，但是今天你学习以后，就要学会通过不断地营销去影响他，为他贡献价值，追加服务。如果你为他提供了比其他设计师或公司更加质优价廉的产品或建议思路，他就会在有需要的时候找到你，跟你成交，让双方都从中受益。

其实，每一次的追销都是一次信任的推进，慢慢地你与客户之间的关系更加深入，客户也逐渐成为你的铁杆粉丝。

把客户变成铁杆粉丝

————————

作为一个设计自明星，你需要拥有自己的铁杆粉丝。什么叫作你的铁杆粉丝呢？

就是不管你在哪里，你做什么活动，他都会来参加，无条件地信任你、支持你；只要是他身边有什么人做装修，他都会无条件地推荐到你这里；如果你有什么产品，他都会购买。

他们不会因为外界的评价而改变对你的认知，他们是从最初认识你到认可你的人品、你的风格、你的个性及才华的人，是通过与你不断地互动，成交彼此，最终实现对方心中的梦想，与你达到高度精神共鸣的人群。

当然，我们这里不应该说得很绝对，但是，在粉丝经济的时代，如果你拥有 1000 个以上的铁杆粉丝，你基本上就可以养家糊口了。有了铁杆粉丝，你就有了一个长期稳定的服务对象和业务来源。

　　所以，拥有的铁杆粉丝的数量，决定了你的影响力和收入。只要你踏入"设计自明星"这条道路，积累的时间越长，影响力越大，收入就越高，不用担心缺乏客户。

　　但是随着粉丝客户的增多和影响力的提高，你的时间就会越来越有限，就无法服务所有的人，这个时候你就必须进行挑选。

　　就像那些已经成名的设计大咖那样，他们现在不可能再去服务几十万项目的客户，他们只能服务那种价值几百万到几千万、甚至几个亿项目的客户。

　　所以，对于设计自明星来说，铁杆粉丝就是你的宝藏。从最初的认知到最终的铁杆，除了需要用心地付出和过硬的实力，还需要一套系统的营销方程式。而此书就是一本教会你如何通过一整套的营销策略和流程，轻松地将一个陌生粉丝转化为铁杆粉丝客户的实战秘籍。

　　看到这里，也许你对"设计自明星"的思路有了基本的了解，但是你依然不知道如何具体落地执行，不过没有关系，在接下来的内容中，我会一步一步地教你如何从零开始做"设计自明星"，教你如何快速成为客户心中的设计大咖，帮你轻松成交项目。

　　翻到下一章，我将带领你开启这段成就设计大咖的神奇之旅。

DESIGNER
BUSINESS
METHOD

第3章

设计师成名接单
互联网形象包装术

做"设计自明星"微信
的 11 条禁忌

在上一章第一节中，我就已经讲过，要做"设计自明星"，就要明确自己的"定位"。那么，在定位之前，请你审视一下自己利用微信是否在做或者曾经做过以下事情：

（1）昵称前面多加几个 A：很多人知道微信通讯录排名技巧以后，疯狂地在自己的昵称前面加一个 A，甚至加更多个 A，仅仅只是为了排到对方通讯录的前面。

（2）随便设置头像：要么没有头像，要么随便找一个动物（阿猫阿狗之类的）或者风景图片等。

（3）朋友圈发广告内容：朋友圈里面 80% 以上都是产品相关的内容广告，还有一些是订单和签单截图。

（4）朋友圈鸡汤信息：别人发什么你就发什么，跟风，并且经常发一些教育他人口吻的信息。例如：想要发财你就要……

（5）朋友圈负能量：经常在朋友圈散发负能量的信息，没有营养的内容，导致朋友屏蔽你。

（6）群发清理人的信息：不知道到底有多少好友，每天都要通过群发信息来清理"僵尸粉"。

（7）乱拉人进群：不和别人打招呼，直接拉对方进一些不知道干什么的微信群。

（8）群发节日问候：每当过年过节的时候，都是发信息的高峰期，看似好像看重对方，但是接收的人都知道你是群发的，这样的群发信息没有任何意义，要么不发，要么就发得有特色，重点是让对方知道你是单独给他们发的。

（9）主动索要红包：平时就没有聊过或者没怎么聊过，然后过节或者平时也发一条找人要红包的信息，还用激将的段子。

（10）早安信息：天天早上给你的好友发送早安信息，或者是早安加上广告信息。

（11）帮别人发广告：转发某个信息，就可以得到 iPhone 一台，转发某一个图片信息就可以 1 元购买什么名表等。

看完以上内容，你有什么感想，是否中了其中一条或者几条，可以想象，如果是你，你会喜欢这样的人吗？你会和这样的人保持什么样的关系呢？

那么，请你从这一刻开始，做一个有个性、有故事、有才华、有情怀的人，用你的魅力与实力真正地吸引粉丝客户，轻松接单，潇洒生活！

设计自明星形象包装术：
个人发展路线定位

在上一章的第二节我讲了关于定位的问题，接下来，我将分享作为设计自明星的形象包装术和你需要定位的个人发展方向。

在定位未明确之前，你一定要想好要做什么，需要专研的细分方向是什么，你的目标粉丝群是哪类人，他们的人群画像你是否清晰地知道。

设计自明星形象包装术心法：人们看到的世界，是你塑造的世界。

由于人们生活在一个信息大爆炸的时代，每天都忙碌不堪，内心的渴望和周围的环境让我们特别浮躁，几乎没有时间停下来去想想事物背后的真相。

所以，你的朋友、你的客户、你的粉丝、你的合作伙伴等，他们一样只能通过看微信朋友圈了解你是什么样的人，而这一切都是你塑造的，他们看到的仅仅是你塑造的世界。

他们不会有时间去分析和在乎这个世界背后的真实性，但是你不要错误地认为：我是让你去塑造虚假的世界，迷惑你的粉丝或者客户。

你需要做的是，清晰地知道你的粉丝客户群体是谁，他们更希望你是什么样的人，更希望你为他们提供什么样的价值，帮他们完成什么样的梦想。

然后你就根据他们需要的一切进行定位，这样的定位才能符合粉丝客户的需求，就像公司的品牌定位一样，有痛点才有需求。

OK，那么接下来我来跟你讲讲，做设计自明星如何给自己定位一条鲜明的发展路线。这条发展路线只要一推出，你就是行业的引领者，就能获得忠诚的粉丝客户。

定位要领：不做第一，就做唯一，占领"心智"第一位。

定位的要领是占领用户某个维度的**"心智"**第一位。因为大多数人只会记得第一个登上月球的人是谁，很少人会记得第二个人是谁，所以，你要么做第一，要么做唯一，或者同时做，否则没有人会第一时间想起你。

设计自明星定位法：开辟你的设计行业定位"新大陆"。

（1）锁定客户粉丝群

在你开始做"设计自明星"之前，一定有一件你想做的事情。不管你是做硬装设计师还是软装设计师，你都要知道，你未来的粉丝客户群是什么样的人。当你清晰地知道他们的人群画像以后，你就要分析这群粉丝有什么需求是你可以满足的。

例如：我在进入软装行业做软装设计师培训的时候，就给自己定位做一个软装行业的引领者，在软装行业的营销策划实力是我需要重点塑造的点。

那么，我的粉丝客户群是谁？

显而易见是"关注软装行业的人"，因为我从2009年开始开软装公司，做了首个软装行业的互联网平台，积累了软装行业发展的互联网营销经验和技巧，写过几本关于软装行业的电子书，下载量达到了几百万次，也写过很多关于软装方面的文章。

我还有很多关于软装行业互联网营销的技巧、思维模式、赚钱模式、设计师如何转型升级、室内行业转型互联网营销模式等。而我由实战总结出来的这些技巧帮助我在短短三年的时间里，使我的软装学院从零开始，到现在为止成为行业学员人数最多且分公司最多的软装设计师培训机构。

我的这些成功经验，想必对装饰装修行业迷茫的设计师和老板都渴望知道。但是如果我站出来说，我什么都精通，什么都懂，那我的优势无法聚焦，粉丝客户对我的认知也无法聚焦，心里的身份也无法建立，更谈不上占领。

所以，这个时候需要选择单点突破，但是单点突破的突破口在哪里呢？哪个突破口才是最快速有效、竞争度也是最低的呢？

就像我们现在的很多设计大咖一样，他们的设计风格，你一看就知道是谁做的，而不像普通设计师，什么风格都会做，做出来的设计不伦不类、四不像，这样就无法确立自己在客户心中的标签。

好了，当我们确定需要单点突破以后，接下来要进入第二个环节，分析市场竞争环境和占领市场空白领域。

2. 分析市场竞争环境和占领市场空白领域

当我们知道粉丝客户人群是谁，也知道他们需求点有哪些以后，我们要分析市面上有哪些人已经在解决他们的哪些需求了。这个时候，你必须能切割出属于你的市场。否则，如果你进入一个已经有很强认知的领域，会很难走出来，等于你定位失败，因为你的定位已经被别人占领。

在装修行业，如果你定位室内设计行业大咖、专家等角色的话，在室内设计行业已经有众所周知的名人了，包括你定位软装设计大咖、专家等，也都已经有很牛的人了，如果你最开始就定位在这些领域，那你肯定会被人忽略，更不用说成名了。

经过分析，以上都行不通，但是，我们放开思路，其实还有很多可以定位的点。从大方面来说，换一个名头可以把硬装＋软装结合在一起，你可以定位全案设计领域。从小领域上来说，软装方面，你可以定位最细分垂直领域，例如酒店软装设计、民宿软装设计、餐饮软装设计、家居卖场软装设计等。

其实，每一个小的领域都有一个巨大的市场，你只需要找到这些空白市场，去钻研它，然后就出来讲这方面的话题，让更多的人认可你。

那么，如何能让每一个人都听你说，并且让他们觉得你就是这个行业最专业的人呢？这就是接下来要说的——分析自己的特点。

3. 分析自己的特点

不管你选择哪一个细分领域，你必须拥有自己的特点和绝活。

例如，如果你有做酒店软装设计的经验，那么你就定位做酒店软装设计的路线，有了这个定位路线以后，你就要给自己起一个名号，例如"某某：酒店软装设计师，"然后你需要一套过硬的系统的知识来托起这个名号，建立起自己的行业地位，否则时间长了人们就会逐渐忽视你，转而投向能给他带来更多价值的人。

比如，你需要整理一系列关于酒店设计的案例、设计理念、各种星级酒店软装设计标准、各种主题酒店如何营造文化氛围等知识，然后用写文章、讲课、演讲、出书等方式，建立自己的酒店软装设计体系内容，并且传播出去。

归纳起来，设计自明星定位法非常简单，就是不要宽泛式地定位，而是寻找细分领域市场。在这个小市场里面，没有被普遍认知的人，而你定位在这个小领域之后，你就变成了第一和唯一。

例如："某某：酒店软装设计师"，酒店软装设计没有一个被大家认知的人，但是酒店软装设计的市场非常大，你一旦定位成"酒店软装设计师"，你就可能是第一和唯一。

读到这里，你应该对自己的定位有一些初步的想法，但是你需要把你的粉丝客户群列出来，然后再把自己的特长、资源、专业、特点都列出来，然后再用你列出来的"关键词"组合在一起，加上"专家"或"引领者"等定语，你的名字定位就有了。

定位有了以后，下面就需要围绕你的定位塑造这个点。当然，定位不能只是嘴上说说，最重要的是你要不断学习这个领域的知识，真正成为专家，再利用微信来布局，把你的专业定位传播出去，统一塑造起自己的形象，才能让粉丝客户加你的微信，全方位感受到你的定位。

以下为"设计自明星"微信形象包装术的五大布局支撑点：

微信昵称　微信头像　个性签名　相册背景　地理位置

在这个时代，微信成为人们沟通的工具，也是人们成名的源头。微信就等于一个人的外表和内在，"设计自明星"微信形象包装术的五大布局支撑点，恰好构造了一个人的外表，而朋友圈的内容可以说构成了一个人的内在。

设计自明星形象包装术：
微信昵称

设计自明星形象包装术中，我们需要运用的设计自明星自媒体包装工具是：微信公众号和微信个人号。

微信昵称就是我们的定位和对外宣传的窗口，微信公众号名称跟微信个人号昵称最好一样，这样才能建立更好的宣传形象。

那么，在设计自明星微信个人号昵称中，严禁出现以下 7 类：

（1）**以 A 开头的昵称。**

（2）**代理类**：某某代理。

（3）**情感类**：爱温暖的小女孩、蓝色忧郁、爱像矿泉水等。

（4）英文字母类：名字是英文字母。

（5）特殊符号类。

（6）奇葩类：正在输入中、别问我是谁、不在服务器等。

（7）公司名称加自己行业类：魔道软装设计、阿秀软装设计等。

在设计自明星微信公众号名称中，严禁出现公司名称（除非你是推广你的公司，但是设计自明星不要用公司名字推广自己，因为没有作用，还会降低粉丝的关注度），严禁出现以上个人微信号上的昵称。

以上我说的所有类型的昵称中，对于需要做设计自明星的人严禁使用。因为这样的昵称对你来说没有任何意义，虽然说，可能它对于你的内心有意义，但是对于粉丝来说没有意义。

昵称不是儿戏，它至关重要。因为粉丝在加你的第一时间会看到，与你聊天的时候会看到，在发朋友圈的时候会看到，朋友圈点赞、评论的时候会看到，如果你的昵称不能告诉粉丝客户你是谁，想了半大也不记得你是做什么的，那这个昵称有何用处呢？

而微信昵称的用处就是告诉粉丝客户你是谁、是做什么的，不需要好看，也不需要为了排在对方通讯录的前面而去加个 A。

例如：微信个人号昵称可以是"某某：软装行业营销师""某某：酒店软装设计师""某某：餐饮软装设计师"等形式。

　　微信公众号名称可以是"软装行业营销师某某""酒店软装设计师某某""餐饮软装设计师某某"等形式。

　　"某某：软装行业营销师"或者"软装行业营销师某某"，两个名字都能够让粉丝清晰地知道你，你的名字叫什么，你是做什么的。

　　所以，我们的微信昵称一定要简单明了，让粉丝客户一看就知道你的名字和职业属性。

设计自明星形象包装术：
微信头像设计

————————

　　微信昵称很重要，但是微信的头像更是重中之重，因为在朋友圈点赞、评论的时候，对方都能清楚地看到，而且每一次都是一次曝光。

　　一般的人，他的微信好友一般在 200 人左右，如果他发一条朋友圈，你去点赞评论了，他一定会看的。因为本来回复他的人就少，而且每个人都有喜欢被人赞赏的欲望，如果他很多个朋友圈的内容你都去点赞评论了，可以想象，他能不记住你吗？

　　并且，每一次的点赞评论，等于那一天你在他的世界里出现了一次。说句更实际的话，你是做营销的，你的一次点赞评论就等于你为自己打了一次广告。

　　这样的每一次曝光就容易被他记住，而这时的头像就显得尤为重要。不知道你是否发现，微信里很多朋友，他们经常修改昵称和头像，导致你很难找到他，并且有时候他在你的朋友圈里留言，你都不知道他是谁。

就是因为这样，你的影响力无法聚焦，就像之前有一个段子说的，如果一个人的电话号码超过 3 年没有换过，那么他相对是可信的，因为 3 年没有换过号码的人，肯定比那些 3 个月换一次手机号码的人可靠和稳定。

既然头像那么重要，我们需要如何设计一个自己的头像呢？

首先，我们一定要知道，作为"设计自明星"，哪些头像是不能用的。

风景照、动物照、明星照、宝宝照、伟人照以及空白图片，这些类型的是一定不能使用的，因为这些照片不能快速让你的粉丝知道你是谁，无法记忆。

你要时刻记住，你的粉丝是希望与你建立联系，而不是想和你的宝贝建立联系，也不是跟那些明星、那些动物产生联系，他们只想认识你，也只认识你，并不是认识你家的其他成员。

所以，你的头像不能随便用，那么，让我们来看看，作为"设计自明星"，应该如何有效地设计自己的微信头像。

你现在可以随便打开自己的微信群，看看是不是很多人的头像都和上述中的类似，有的是卡通，有的是宝宝，有的是自拍，有的是公司 LOGO 等。

然而，作为一个"设计自明星"，我们一定要加上自己的定位和正规的图片，我们需要让粉丝客户看到我们的头像就知道我们是做什么的。

以下四种头像才是标准有效的：

1. 真人头像 + 文案

这种类型属于非常通用的类型，并且非常简单，只需要站在你自己品牌的 LOGO 旁边，然后拍一张相片做头像，这样别人一眼就知道你是做什么的，这就叫"有图有真相"。

清华大学马教授在易配者的照片

但是还有一种就是没有公司品牌，没有 logo 墙的，这种的话你需要拍一张正规的相片，在相片的旁边写上你的**"定位语"**。

其实，这些都非常简单，只不过你不知道而已，但是这样做的效果却会产生心理学的作用。据心理学家研究发现，在虚拟的世界里聊天，如果对方能够看到真人的样子，那么，信任感会更强。

的确如此，你可以想象，如果你加了一个很牛的人，他的头像和朋友圈里都没有出现他真人的样子，连一个背影都没有，你会怎么想？其实很多时候，我们都会先看他的头像，然后再看朋友圈去了解一个人的，如果在他的朋友圈找不到他真人的信息，信任感就会降低。

2. 品牌型头像

如果你更希望别人记住你的品牌，而不是个人的话，你可以直接把你的品牌或者你做的事情加到微信头像里。例如"酒店软装设计师：某某"，从这个头像可以知道，这个人的品牌是"酒店软装设计师：某某"，这里的品牌不建议你用公司品牌 LOGO，原因在前面的章节中已经讲过。

3. 卡通头像类型

卡通头像如下图所示：

软装行业营销 龙涛

由于前两种头像类型太普遍了，你如果想鹤立鸡群的话，可以尝试用"卡通头像"。但是这里的"卡通"不是只到网站上随便下载一张卡通头像，而是找专业插画师根据你真人照片一比一描绘的那种，然后在头像旁边写上**"定位词"**。

4. 名人合影类型

如果你想让你的粉丝在加你的一瞬间就对你的价值信任度很高，名人合影类型的头像无疑是个非常有效的选择。名人指的不一定是明星，可以是某一个领域的专家或者是网红、歌手、作家等，只要是大众识别度高且传播正能量的名人，都有助于提升你的价值信任度或者行业权威度。

这样做的好处是，粉丝会把"名人"的价值自动转嫁到你的身上。

特别提醒：以上四种头像类型都可以用到微信个人号和微信公众号中。

设计自明星形象包装术：
个性签名和公众号介绍

————————

在你的粉丝第一次加你或者关注你的时候，出现的信息有"头像""昵称（名称）"和"个性签名（公众号介绍）"。但是，昵称和头像表达的信息是有限的，所以，"个性签名"或者"公众号介绍"就成为除头像和昵称以外的一个补充说明，因为你可以用 30 个字来介绍自己。

那么，"个性签名"或者是"公众号介绍"写什么呢？

其实，很多人的个性签名是空白的，或者写一些心灵鸡汤，又或者写一些搞笑段子，但是，**从"设计自明星"的角度来说，这些做法显然是不理想的。**

所以，我们应该写一些有实际价值的东西，例如，你希望第一时间传达给粉丝客户的内容，或者是你的粉丝客户加你时内心所需要得到的答案是什么。

　　这样做的目的就是让粉丝能够更快地对你有一个大概的了解，当然"个性签名"或者是"公众号介绍"是可以随时更换的。

　　例如，我目前的个人微信号签名就是："立志用互联网营销技巧包装 10 万人成为软装设计大咖"。本书发行之后，我的签名可以改成"培训设计师成为客户心中的大咖，让设计师轻松接单"。

设计自明星形象包装术：
个人相册背景

———————

朋友圈"相册背景"是除了微信头像、昵称、个性签名之外，最容易被人忽略的地方。甚至看到，有的人相册背景是空的，其实这是一个巨大的浪费，因为许多人加一个人之后，会打开对方的朋友圈看一下，相册背景图片是最先被人看到的地方，是一个展示自己的绝佳之地。

相册背景的空间广告容量远远大于头像、昵称、个性签名，这里可以容纳更多你想要展现的信息，是"设计自明星"做营销必须好好利用的一块宣传板。

如右图所示：

特别提醒：相册背景图可以根据不同时间段进行更换，它就相当于一个网站的广告位，你可以根据当时的活动信息更换相册背景内容。

设计自明星形象包装术：
个人地理位置

如果没有猜错的话，你应该经常在朋友圈看到图片内容底下多了一行小字，例如"北京·某某软装设计""北京·某某商场或某某酒店"等。这个就是我要讲的"地理位置"了。这个东西看起来很普通，但是对于"设计自明星"而言，这是一个很重要的宣传手段。

但是我相信，很多人都不会设置，更不会利用它来做宣传。

如下图：

左边是正常的地理位置，而右边的地理位置就有所不同了。你可以把"定位语"写得不同，并不一定是固定的地理位置，而这个地理位置的"定位语"就可以变成一个宣传广告。

这是怎么做到的呢？设置过程如下：

第一步：发布一条带图片的朋友圈内容，然后点击如下图的"所在位置"，在"搜索附近位置"的搜索栏中输入一个不存在的信息，例如你搜索"你就是设计大咖新书预售中"。

第二步：输入后，系统会提醒"没有找到你的位置"，如下图：点击一下，接着就会出现填写项，填写相关信息。

就是利用这个位置的发布技巧，每一次发朋友圈，都是一次可以营销的机会，你可以把它当成一个宣传广告位，内容可以根据你当时需要宣传的广告而定。

好了，这一章就讲到这里，现在请你立刻行动，开始建立自己的微信个人号和微信公众号的"设计自明星"定位识别系统。

第4章

设计师成名接单的
三种模式

成就"设计自明星"的三大价值输出

只要你按照本书的技巧不断提升自己，坚持 1 年以上，你会成为真正的"设计自明星"。那么，在你成为设计明星以后，你一定要清晰地知道，为什么粉丝客户会把你当"明星"看，原因只有一个：你有他们想要的价值。

也就是说，要想成为"设计自明星"，你必须源源不断地为粉丝贡献价值，也就是"利他"精神。如果有一天你无法向粉丝客户贡献价值了，那么 90% 的粉丝自然也会离你而去，而且也会有其他的人来取代你。

在此也提醒你，千万不要认为自己是不可替代的。"设计自明星"和传统的影视明星是一样的，只要你不能持续曝光和贡献价值，人们就会把你遗忘，只有少数的铁杆粉丝还会关注你。

我也相信，看完本书的人，都会利用同样的方式宣传自己，能否出名，就看你的执行力和努力程度了。

所以，在你看完这本书，并且确信要走"设计自明星"这条路的时候，一定要设计好自己的**"价值输出路线"**，让你提供的价值源源不断地抵达粉丝那里，让他的脑海里都有你的空间。

如果你没有一套属于自己的价值输出体系，无法制造和传播有价值的内容，那么你的"设计自明星"之路就无法成功。

比如我在确定做中国软装行业营销的权威人物之后，就在不断地输出自己的价值，通过写文章、讲课、演讲、出书等方式，向大家输出软装行业营销策划的知识。

那么，作为"设计自明星"，我们需要输出的三大价值是什么呢？

原创文章和案例解析　原创视频和直播分享　专业设计知识解答

接下来的内容中，我将为你一一分享"设计自明星如何输出这三大价值"。

设计自明星原创价值输出：
原创文章和案例解析

只要是做设计自明星，原创设计文章分享和案例解析是你必需的选择。在网络中，原创的、有个性的思想才能聚集大量的粉丝。

不过很多人可能会说，我不会写怎么办？

在这里我教你一个简单的方法，你学别人写，看别人的东西，然后自己仿写就可以了，就像咱们练书法一样，首先是临摹，然后再自己写。

很多人都有公众号，但就是吸引不了粉丝，其实原因很简单，因为你的文章案例解析不是原创的，都是网络上转载的，对吗？

虽然，这也是文章，但是却有天壤之别。

　　因为设计自明星是在表达自己的见解和看法，你的笔风、口吻、思维，都会被你的粉丝识别到。如果你的文章都是别人发的，就会出现今天是一种风格，明天是一种风格，并且每一篇文章传达的中心思想都不同，那么怎么能让你的粉丝客户崇拜你呢？

　　所以，文章案例解析一定要尽量原创，并且带有你的个人色彩，让粉丝感觉你是一个活生生的、有思想的人，不要让粉丝感觉面对的是一个机构、一个公司，这样就难以取得粉丝客户的信任。

　　不信你看看现在市面上的微信公众号，做得好的都是个人公众号，如果是公司的或者是机构的，那么同等级别的企业公众号一定没有个人公众号的号召力强。

　　就比如，我们公司的微信公众号就没有我个人公众号的影响力强，同样的一篇文章，我们公司公众号发布出去，只有几百的浏览量，但是个人公众号发出去的就是上千的浏览量，吸引关注和加好友的粉丝客户自然就不一样。

　　再比如"罗辑思维"："从头到尾你只看到、听到罗胖一个人的声音，即使他的公众号是一个强大的制作团队，但是对外永远只有罗胖一个人。"原因很简单，因为人与人之间容易建立感情和信任，但是人与机构、人与公司却很难产生感觉，因为公司是要赚钱的。

　　所以，在公司与粉丝之间需要设立一个载体，那就是一个领袖，例如苹果与果粉之间有一个乔布斯；"罗辑思维"卖书给粉丝；锤子与锤粉之间是罗永浩。没有人认为买书是跟"罗辑思维"发生关系，而是认为跟罗胖发生关系，也没有人认为买锤子手机是跟锤子科技发生关系，而是认为跟罗永浩发生关系。

那么，同理，如果你是设计自明星，你的粉丝找你做设计，他们并不是找你的公司，而是跟你成交项目，至于你的公司，已经在次要了。

此时，你是不是觉得很奇怪，其实不难发现，这样神奇的现象，早在历史中就有用到。

例如：诸葛亮就是在深山里面写文章，然后通过各种渠道宣传自己，最终走向仕途的。所以，原创文章就是最好的价值输出，而在互联网极为发达的今天，文章这种载体在网络世界里具备非常多的优势。

1. 容易阅读： 阅读是人类天生的能力，看到文字，大脑就会自动阅读。阅读文章可以快进，如果有一个 10 分钟的视频，你要知道全部内容，就必须要花 10 分钟看完，而如果是文章，可能你只需要 3 分钟就看完了。

2. 少耗流量： 很多时候，大家的流量都不够用，但是打开文章耗不了多少流量，所以打开非常轻松。如果是视频，一般情况下就不会用流量观看，只能收藏，回到有 Wi-Fi 的地方再看，但是很容易被忘记。

3. 速度极快： 不管你是听录音，还是看视频，如果是第一次看，在不知道内容的情况下，不敢随便快进，如果是 30 分钟的内容，就必须看 30 分钟，有的人看到时间很长就直接关掉不看了。但是文章却不同，如果 30 分钟的视频讲解的内容，换成文字只需要 10 分钟就可以阅读完成。

4. 持久效应： 如果你的文章案例写得好，就会像"病毒"一样在网络中传播（后面我会分享如何制造"病毒文章"），那么就会有持久效应，例如，我很久没有写文章，但是每天依然有很多粉丝客户加我微信。

为什么？原因很简单，因为文章还在被人传播分享，你也根本不知道被分享到哪个粉丝的朋友圈了。

5. 思维传播：为什么要写原创文章案例解析，因为文章是我们大脑思考的产物，当粉丝在读文章的时候，也就等于对方在进入我们的大脑思维中，一篇、两篇、三篇……N 篇之后，只要对方在读你的"思维"，你就一定可以影响对方，得到对方的崇拜，最终找你成交。

设计自明星原创价值输出：
原创视频和直播分享

———————

　　原创文章路线输出是一个很棒的营销方式，但是很多人有文字恐惧症，很难静下心来写文章，那么，你可以考虑用视频输出路线。现在科技很发达，只要一部手机和一个支架就可以了。

　　当然，重点是原创，给你举一个例子，你应该就知道什么是视频输出路线的价值了。大家应该都知道**"PAPI 酱"**，她的每一段视频，观看量都是 100 万次以上，粉丝数量高达 400 万之多，轻松获得 1200 万元的风险投资，并且第一次商业广告竞价拍卖出 2200 万元的天价。

　　她独特的视频风格，让她成为了 2016 年最火的"自明星"。

　　那么，作为设计师的你，需要用哪些方式来分享原创视频呢？

　　（1）项目设计理念的直播视频。把你设计的项目通过视频分享出去，让更多人看到。

　　（2）工地开工视频讲解。在你的设计项目工地开工的时候，做一个详细的视频讲解。

　　（3）工程结束时候的效果拍摄讲解。

　　（4）参加一些活动，当嘉宾的演讲视频等。

　　这些都是设计师可以输出的视频价值内容。那么，为什么原创视频也会有如此大的威力呢？

　　原因很简单，因为人类大脑结构的原因，声音比文字更能产生信任感，见面又比只听声音更能建立信任，所以，视频是建立在声音和见面之间最好的工具。

　　当看视频的时候，看到一个活生生的人，与见面差不多，环境、声音和画面信息都会储存到你的大脑中，记忆自然比文字和声音强很多，在后面的章节中我会做出详细的讲解。

　　同样你也要注意一件事情，虽然视频路线比文字和声音更强，但是对流量的要求也很大，并且比较耗费观看者的时间，建议你的每一个视频控制在 5~10 分钟，因为现在的传播几乎靠手机，但是每一个人要用手机处理的事情很多，所以，如果耗费时间太长，很容易被微信的其他信息打断。

设计自明星原创价值输出：
专业设计知识解答

———————

　　如果你不想写文章，也不想拍视频，可以试试做装修设计领域的问答。例如，在很多装修平台、问答平台都会有很多装修问题，你只需要在这些平台上回答问题即可。

　　你试想一下，在网上只要是问关于装修问题的，是不是都是有装修需求的人呢？

　　其实，现在的人们越来越信息化，遇到问题直接在网上就提问了，会有专业的人为他解答。比如，我在知乎上开了一个账号，专门回答关于软装行业的设计、软装设计师培训、软装行业前景等问题，每一天都会收到别人的提问，最终几乎都会被我引导到我们这里参加培训。

　　其实，专业解答并不一定是设计自明星原创价值最好的出名方式，但是专业知识解答却是一个立竿见影的接单方式。

你回答的问题越多，客户就越多，关注度就越高，粉丝就越多。当粉
丝的问题被你解答以后，他得到了存在感和解决方案，感觉你人不错，对
他有帮助，他自然也会把你的微信名片推送给自己的朋友，但凡是装修客
户，都是你的粉丝了。

那么，可以做问答的平台有哪些呢？

知乎、分答、豆瓣、装修网站的论坛版块、装修 APP、微博的装修话题等。

DESIGNER
BUSINESS
METHOD

第 5 章

寻找你的粉丝客户
聚集地

如何寻找你的客户聚集地？

────────

磨刀不误砍柴工，前面的四章都是讲解做"设计自明星"需要知道的基础理论和准备工作，只有做好充分的准备，你的设计自明星的道路才能走得更顺畅，以免半途而废。

自我定位、输出路线都确定了，营销路线也确定了，那么，接下来我们需要做的就是第一步的吸粉了。因为只有有粉丝才叫明星，而很多时候，大多数人都卡在这个环节。

就像那些微商一样，连基本的商业法则都没有弄清楚，就被人忽悠加入发财的梦想，做的时候才发现：

第一，原以为朋友之间卖东西很容易，结果发现基本卖不出去。

第二，以为发朋友圈就能卖货，但是却不知道朋友圈是有时间轴的，每一次发出去能看到的人是有限的，不是你有 200 个好友，就会有 200 个人看到，也不是所有的人都对你的产品有兴趣的，所以到最后都没有几个人买。

那么，对于设计师而言，要成为一名真正的设计自明星，就需要知道粉丝客户在哪里？

在做设计自明星之初，你是没有任何追随者的，这个时候，就需要你先做一件事情，就是根据自己的定位来推理出"未来的粉丝客户到底在哪里？""他们是一群什么样的人？"也就是"人群画像"。

例如：我们的定位是"酒店软装设计师"，那么我们的"人群画像"就是酒店行业的经营者。每一个行业都有自己的圈子，你只需要找到当地酒店行业的圈子，加入进去，然后跟大家成为朋友，之后通过你的酒店软装设计知识的分享，自然就有人找你做酒店软装设计了。

有了人群画像以后，找到他们的所在地，那这一切就变得简单了，因为他们就在那里，剩下的就是根据你的优势特长来为他们服务即可。

以上的描述也许你还不是特别明白，我来举两个例子，你一看就可以明白了。

举例 1：软装设计项目（线下客户）

不管是开公司还是做设计自明星，前期最难的就是客户问题，对吗？

一个新的品牌，是没有老客户的，新的客户才是我们开拓的关键。但是你要记住，如果一开始你自己就去开发新客户，那是很困难的一件事情。

所以，我们应该想到的事情是借力！而对于做软装设计，我们可以借力谁呢？

其实很简单，实际上，虽然我们没有老客户，但是我们的客户一定在这个世界上已经存在，只是他今天还不是属于我们的客户而已，但是他一定已经是属于别人的客户了，也就是我们的潜在客户。

那么，如何精准地寻找我们的这群客户呢？

其实非常简单，我们只需要分析谁有装修的客户，但凡是装修的客户，基本上都暂定为可以开发的软装客户对吗？

不错，这些做装修的客户跟我们做软装设计的客户重叠性是很高的，很明显，我们的客户就在别人那里，我们只需要通过一个方式，把那些做装修的装修公司、建材产品商家、软装八大产品商家的客户转化成我们的客户即可。

举例 2：软装设计项目（线上客户）

有人的地方就有客户，刚才举例的是线下的客户获取渠道，线上的客户获取渠道就更简单了。

第一，地方吃喝玩乐的微信公众号：他们上面有大量的本地人，你只需要在该公众号投放广告，投放软文，把有装修需求的人吸引到你的个人微信号就可以实现吸粉的作用，同时也可以获取相应客户的机会。

第二，地方装修微信公众号： 同样的道理，也是投放软文广告，吸引粉丝客户（跟吃喝玩乐的公众号比起来，这里的装修客户更精准）。

第三，地方业主微信群和 QQ 群： 地方业主微信群和 QQ 群有大量的潜在粉丝客户，这里不能发广告，但是可以把你写的关于设计的文章分享到这里，实现吸粉的目的。

第四，地方装修论坛： 每一个城市都有自己的地方装修论坛，你把你写的软装设计方面的文章发布到这里，引导他们加你为好友，即可实现粉丝客户的转化。

第五，自媒体平台： 自媒体平台上自带客户，目前国内流量比较大的自媒体平台有：**今日头条、一点资讯、网易自媒体、搜狐自媒体、百度百家等**，这些平台上有大量的本地潜在粉丝客户，你只需要把你在公众号上发的设计类文章发布到这些平台，就能实现吸粉的目的。

其实，找到粉丝客户非常关键，具体如何把潜在的客户变成自己真正的客户，在下一个章节中我会详细地讲解，在此就不再赘述，你知道这个吸粉的思路即可。

网上装修客户的 8 个聚集地

————————

其实，我们应该感谢这个时代，这个拥有智能手机的移动互联网时代，它让人与人之间的连接变得非常简单，以前要花 1 年做的事情，现在可能 1 个星期或者 1 个月就能实现，可以让我们的信息像病毒一样快速传播，获取潜在粉丝客户变得轻而易举。

那么，现在我们来看看，网上装修粉丝客户的聚集地有哪些？

1. 微信朋友圈

如今的微信无疑已经成为世界上最火的 APP 之一，覆盖了 90% 以上的智能手机用户，并且月活跃用户达到 6 亿人次。

也就是说，只要用智能手机的人基本上都有微信，不仅如此，微信还覆盖 200 多个国家，超过 20 个语言版本，它的未来可能连接一切。

然而，每一个人的朋友圈都有不同数量的好友，好友之间都有重叠，也有区隔。那么，如果你制造一个具有宣传性的高传播信息"病毒"，就会被大家疯狂地传播，吸粉就非常的简单了，在后面的章节中我会教你几招吸粉的方式，利用朋友圈的网状天然优势，轻松实现一天吸粉 1000 人的技巧。

2. 微信群、QQ 群、微博群等各种群

物以类聚，人与群分，你想要的粉丝可能已经被别人用群圈起来了，例如装修群、小区群、业主群、户外群、交友群、跑步群、车友群、驴友群等，这些群自带天然的潜在粉丝客户，你可以根据自己定位的客户群消费层次，混到相应圈子群，吸粉就变得非常简单。

3. 装修、软装的 APP

现在的装修、软装的 APP 非常多，特别是装修的 APP，上面聚集大量的活跃装修潜在粉丝客户，注册他们的账号，设计相应的"鱼饵"，粉丝客户自然就会被你吸引过来。

具体的装修 APP 有哪些？你可以在手机应用里搜索，看到下载量大的都下载下来安装，注册一些用户活跃度高的，有潜在粉丝客户的，然后把你的设计文章分享上去即可实现吸粉的目的。

4. 装修、软装论坛，定位设计的行业论坛

根据你的定位，寻找装修论坛、相关行业的论坛等。我们装修行业有一个做得非常好的装修团队，他们就是利用西祠胡同的装修论坛，一年可以赚 100 多万元，而且后来通过放大需求、做加盟，得到了 100 万元的风险投资。

论坛有大量的潜在客户粉丝，是一个非常好的**"粉丝鱼塘"**，如果你用心挖掘，可以让你快速获取粉丝，也可以获取大量的用户。

5. 课程现场

定位做设计自明星以后，一定要多出去分享自己的设计理念和设计思维，因为每一个课程的现场都有各种粉丝，也许是设计师粉丝，也许是客户粉丝，设计师粉丝有可能成为你的项目合作伙伴。

所以，你要借助很多机会曝光自己，让更多的人邀请你去分享，越是现场分享带来的粉丝客户质量越高。

6. 搜索引擎入口

百度在 PC 互联网时代，无疑是客户流量最大的入口，现在依然拥有大量的客户流量来源。中国的网民都有一个习惯，就是寻找什么东西或者答案，都会到百度去搜索，如果你的答案就是他想要的，就可以把他吸引过来了，并且百度还提供付费的推广服务，出现在用户面前就变得更加容易。

除了百度，还有360搜索引擎、搜狗等，这些地方同样拥有大量的潜在客户。

然而，不管是百度，还是360搜索、搜狗，他们的旗下除了付费和免费的排名模式，还有旗下的百科、知道、文库、贴吧等，这些地方拥有巨大的潜在客户流量，你可以通过"鱼饵"来吸引不同的粉丝群体，具体的吸粉策略在下一章里会有详细的讲解。

7. 视频网站

优酷、土豆、爱奇艺、乐视、56视频等视频平台，每天都有数以亿计的潜在客户流量。这里什么样的人都有，但是我们可以通过不同的视频内容来区分人群，例如，你发布一些装修的效果视频和你做好的成功软装案例视频等，在视频的标题和标签中打上相应的关键词，在视频上传描述中留下你的个人微信号，自然就能获取大量有需求的潜在客户。

8. 行业会议

不管是装修行业的设计师论坛，还是你定位的客户会议，都拥有大量的潜在客户，你也要抓住这些机会快速吸粉。

例如，你定位餐饮软装设计师，那你就要多去参加餐饮行业的各种会议。凡是参加这些会议的，多是餐饮行业的老板，加入他们的圈子，分享关于餐饮软装的设计文章，自然就能吸引餐饮行业的粉丝客户。

关于粉丝聚集地的挖掘远不止于此，但是我花费这么多时间给你分享，目的是通过这些打开你的思路，可以举一反三。学完这些内容以后，请你仔细想想，自己还可以通过什么方式获取更多的粉丝客户。

DESIGNER
BUSINESS
METHOD

第 6 章

匪夷所思的吸粉
秘诀

正确认识粉丝与微信好友

在开始讲解吸引粉丝的秘诀之前，我先给你普及
一下"粉丝"与"微信好友"的关系问题：

1. "粉丝"不等于"微信好友"

很多人错误地认为有多少"微信好友"，就等于
有多少"粉丝"。你也经常看到很多软件打着"日加
1000 粉"的旗号，通过全国城市定位，然后向周边的
人打招呼加好友。很多做微商的，为了加好友做业务，
都被忽悠了，结果发现，通过这样的方式加来的人没有
任何质量可言。

那什么是粉丝呢？

首先是他必须主动加你，不管是通过看文章，还
是看你的视频，或者听你的讲座，最后做出加你为好友
这个动作的，那是因为他认可你的理念和价值，感觉你

这个人很专业，或者人不错，不然他不会加你。

发过微信公众号的人应该都知道，你发出去的文章一种是没有几个人看，一种是有几百上千人观看，但是几乎没有加你的人，或者加你的人只有几个。

那是为什么呢？除去你营销没有做好的原因不说，主要的原因就是，不可能看了你文章的人都希望跟你成为好友，有可能他根本不认可你的观点，也有可能感觉不错，但是还没有让他有立刻加你的冲动，所以，那能加你的几个粉丝，相当于经过了一次过滤，他们踏出了大部分人没有踏出的那一步。

在前面说过，只有主动加你的才有价值，如果你只是整天拿着微信到处加人，那么你在他们的大脑中是没有身份的，他对你没有感觉，你要想转化他就变得非常困难。所以，如果你想要你的粉丝客户迫切地找你做设计，你必须不断地打造自己的影响力，没有影响力是不会有人愿意信任你的实力的（特别是那些大项目）。

所以你发现，但凡是能接到的大项目，要不就是朋友介绍，要不就是有其他的关系网。但是，我们每一个人的资源和关系网是有限的，这就需要你学会打造自己的影响力，吸引更多潜在客户。

2. "关注"你并不代表就是你的粉丝

在上面的第一条我已经讲过什么是粉丝，别人主动加你的，就是经过一次过滤的。但是你依然需要注意，不要主动去推销、成交产品或者是设计服务，因为他对于你来说：

第一，仅仅只是"关注"了你，还没有信任基础，有可能只是看了你众多文章、设计案例、视频等内容中的一段，感觉你的观点、设计理念、设计方案不错，或者是你文章、方案背后留下的"成交主张"比较有吸引力，想要得到这个优惠而已。

第二，如果你主动去成交他，他会觉得你档次太低，反而在他心中降低了你的形象，因为人都有一个特点，就是仰望比自己厉害的人，这个时候，你越是主动，他越觉得你不行。

但是你又想要成交他，那就继续用你的专业和微信朋友圈的势能去影响他。

我的一个学员，谈了一个别墅的单，设计理念都被认可了，客户就是觉得贵，这个单就变成了死单。后面找到我，我就教他用朋友圈的方式去引导客户，在不降价的情况下，搞定了这个客户。

其实刚开始的时候，吸引过来的初期"粉丝"对你的了解是片面的，你可以想象，如果你对某人认知很片面，你会放心大胆地跟他合作或者找他为你提供服务吗？

总之，你要记住，要做生意，先做朋友，通过不断地分享贡献价值，让对方更多地了解你，认可你的理念，建立信任，最后的成交是自然的。那么，在下一章中，我会讲如何把粉丝的弱关系变成中关系，甚至到强关系的推进方法，帮助你快速成交。

鱼饵 + 鱼钩，快速吸粉的成交主张

当你对粉丝有了正确的认知以后，接下来就需要开始把各个地方本不属于我们的粉丝吸引过来，就像去钓鱼一样。你去钓鱼的时候，需要准备什么东西？

是不是需要鱼竿 + 鱼线 + 鱼钩 + 鱼饵？

在现实的世界里，鱼竿 + 鱼线 + 鱼钩属于工具，而鱼饵才是吸引鱼儿的关键载体。在虚拟的空间里，鱼饵就是吸引潜在粉丝注意力的载体。

现在，你试想一下，如果你去钓鱼，只带了钓鱼的工具出门，到了鱼塘以后，把鱼钩抛到鱼塘里，请问能钓到鱼吗？

答案很显然，不可能的事情，因为鱼儿对钩没有任何兴趣。

但是，如果你只带了足够的鱼饵，没有带钓鱼的工具，把鱼饵撒到鱼塘里，的确有不少鱼儿游过来，你除了能看着他们吃得高兴以外，其他的什么也干不成，你最终跟他们也没有发生任何关系，对他们产生不了任何价值，吃完都离开了。

也就是说，你要使鱼塘里的粉丝关注你，你需要"工具 + 鱼饵"才能高效地吸引他们，否则不仅效率低，而且你也无法吸引粉丝的关注，很难收获成功，最终只是自己跟自己玩，没有任何意义。

那么，作为"设计自明星"，要想吸引粉丝客户，设计自明星的鱼饵是什么呢？

其实非常简单，鱼饵就是你输出的内容载体，可以是一段设计文案或客户聊天文案，可以是一篇设计文章或一个设计案例分享解析，也可以是一段视频，但是不管是什么，总之你要有可以吸引粉丝关注你的载体，让粉丝看到以后主动找过来。

看过我文章的朋友都应该知道，我写过很多关于软装设计师职业前景的文章和装饰行业转型互联网营销的文章，而这些文章就是"香喷喷的鱼饵"。现在很多设计师都处于很迷茫的阶段，看到这些关于软装设计师的前景文章，他们会怎么想？装修行业正在难做的时候，看到关于转型的文章，他们会怎么想？

而这些文章在他们看完之后，一定有很多的启发和感悟。可是，这些潜在的粉丝看完以后，他们没有被转换到我的个人微信里，那我的这些文章就白写了。

那么，作为"设计自明星"，你的目的是让读你的文章和设计案例的潜在粉丝中的一部分进入到你的微信系统里，最后成为你的客户。

所以，在文章的底部，都需要留下一个让客户"无法拒绝的成交吸粉主张"。我写的内容如下：

"我叫龙涛，中国软装行业营销策划第一人，如果我的分享能给你带来启发，我现在赠送你四本我写的电子书：《室内设计师如何实现年薪百万》《如何成为软装设计师》《如何打造极致设计方案》《软装行业商家营销赚钱秘籍》，价值 3000 元，现在你只需要三步就可以得到：

（1）转发此文章到你的朋友圈、截图（但是最近在微信公众号不能用这个方法了，我们可以换一种方式或者在其他自媒体上采取这个方法）。

（2）加我微信号：5992001，如果你有我的微信，跳过此步。

（3）发送你的截图给我的个人微信，我立刻给你下载地址。"

试想，当这些潜在粉丝客户看到以后，会不会有很多人或者有一部分人找我要这些资料呢？其实，我的每一篇文章发布出去以后，都会吸引几十至上百人加我为微信好友要资料。

讲到这里，你就应该明白，不管是别人加你还是转发朋友圈，或者去做一件你想让他行动的事情，你都需要一个行动的"主张"。

而这个"行动主张"，就像一个"理由"，一个让客户行动的理由，即为什么主张他这么行动。

因为这个"吸粉主张"中有一个最重要的"鱼饵",也就是大家通常说的"好处",即用户行动之后可以获得什么,你要说清楚,让他有行动动力。

在此特别提醒：

（1）你设计的"鱼饵"尽量采用虚拟产品，不需要成本的；

（2）"鱼饵"不能含糊不清，你要让他清楚地知道这个鱼饵是什么。

例如：你要赠送他软装设计方案，你不应该只给一套设计方案，而是很多套设计方案，并且要告诉别人这些方案很有价值，但是你不能直接说有价值，一般人是感受不到的，所以你要告诉别人值多少钱，这样的赠品才能被粉丝感知到。当粉丝看到货真价实的内容时，则对你的信任感更深了一层。

其实，95% 的人只会推一步走一步。

所以，你不能只是依靠用户自动转发，自愿关注你，这样的效率太低，你更不能连转发的说辞都没有，但是如果你一旦加上"主张"，就可以把原来观望中的一部分人推动起来，立刻关注你。

例如：有 100 个人看了你的分享，只有 2 个人关注你，但是，加上主张以后，100 个人中，有可能变成 10 个人关注你，而多余的 8 个人就是在"主张"的推动下关注你的。

那么，为什么要用"主张"这个推进器来推动更多人行动呢？

因为当对方这次不关注你，离开之后，你下次再影响他就很难了。在茫茫的人海中，你如何有效地传递你的信息，影响潜在粉丝客户。

这就需要你想办法让潜在粉丝客户看到你设计的"鱼饵"之后，更快速地转换到你的微信个人系统里（个人微信号），一旦他进入你的微信系统里（个人微信号和微信公众号），下一次再影响他就更容易，因为他一直在那里，你总有一天会通过自己分享的有价值的内容影响到他跟你成交。

微信群吸粉秘诀

到目前为止，我讲了很多"吸粉"背后的原理，你已经有了一定的了解，那么接下来将给你讲的是十大吸粉秘诀之一的微信群吸粉。

其实，在每一个人的微信里，都有各种各样的微信群，例如装修群、业主群、设计师群、建材群、兴趣爱好群等。那么，对于做设计的人来说，当然需要的是对装修或者软装感兴趣的群,有了这些群以后，只需要在这些群里投放"鱼饵"即可（不是让你直接发广告）。

但是，由于每一个人手上可以用的群是有限的，吸粉量会受限制，那就需要我们扩展更多与我们推广的属性相同的微信群，只需要两个方法即可实现：

1. 微信好友推荐

想必在这之前，你会讨厌微信群，你也会讨厌很多人加你为好友，但是既然你看到了这本书，学到了这里，你就要知道，微信群和微信好友意味着财富。

微信群越多，你的鱼饵投放的地方就越多，得到的潜在粉丝客户就越多。那么，现在我教你一招，让你的微信群数量瞬间暴涨的技巧，方式如下：

你给你现在的微信好友群发一条信息，内容大概如下：

"亲爱的小伙伴，我是某某，每一天我都会为你分享一些优秀的设计方案和设计技巧，不知道你那里有没有一些装修方面的群，或者是设计师群，如果有，希望你可以邀请我加入，我想与你的朋友们分享一些关于设计方面的资料。"

当然了，这个只是模板，你可以根据你的定位，寻找你的潜在粉丝客户群，写的内容也要根据你的潜在粉丝客户群能得到好处的方式去写，这样就能瞬间暴增你的鱼饵投放群的数量。

2. 微信群互换平台

哪里有需求，哪里就有商机，现在有很多微信群交换平台，每一天都有无数的人在平台上发布自己拥有的微信群二维码，在平台上进行交换。

在百度里搜索**"微信群大全"**，就会有很多微信群互换的平台网站。如下图：

网页中有很多推荐的微信群，你进入网站以后，会有很多分类，你选择有你潜在粉丝客户分类的群加入或者发布即可，具体操作在此就不细讲了，你知道这个方法以后，操作一下就会了。

特别提醒：这些平台上的微信群都是实时刷新的，你只需要经常刷新，就可以不断地加入新的微信群。如果别人的群满了 100 人，你就加群主微信，让群主拉你入群。

通过以上两个方法，你就可以快速获取起步阶段的微信群了。有了群以后，就是吸粉的问题了，操作方法很简单，只需要你准备好"鱼饵"进行投放，"鱼饵"可以是一段文案、一篇文章、一个案例、一段视频等（不能是广告，不然你会瞬间被"踢"出群）。

其实，最安全的就是文章或者案例的分享，因为在这样的群里分享文章或者案例，一般的人不会意识到是广告，有用的文章不管是对群主还是成员，你的分享都属于贡献价值，只要你的标题足够吸引别人打开，在文章的最后留下"吸粉主张"就能达到很好的效果。如下图：

微信群吸粉非常简单，但是有以下四点需要注意：

（1）在别人的微信群内投放"鱼饵"，尽量跟群主打好关系（如果你不怕"踢"也无所谓）；

（2）如果没有打好关系，就投放"无痕鱼饵"，例如看似没有目的的文章、案例等；

（3）如果你希望通过微信群批量吸粉，你就需要持续地制作吸引人的"鱼饵"，同时不断加入更多的潜在粉丝客户群；

（4）如果微信群太多，建议购买一些辅助工具，方便批量投放（由于工具经常更新，在这里就不推荐了，等到你需要用到的时候，又找不到合适的，可以加我的微信找我）。

朋友圈吸粉之好处转发吸粉

我们的朋友圈就像链条，不断地重叠交叉就能形成无限的网络。只要是朋友圈就会有重叠的好友，也就意味着有机会隔空影响。

而每一个人的朋友圈，就是一个"鱼塘"，只是他们大小不同而已。假如每个人平均有 300 个好友，然后你发布了一条"病毒信息"，如果这 300 个好友都转发到自己的朋友圈，那么你这条朋友圈可以直接影响的人数可以达到 9 万人，如果再加上间接影响的就有足够的想象空间了。

那么，问题来了，如何让 300 个好友都帮你传播？

好处转发吸粉

看到这个标题，你应该有所理解，也就是说给对方好处，让他有一个行动的驱动力，否则，仅仅凭关系或者面子，转发率有限，也只能产生一层转发，那就意味着不可能成为"病毒"。

就算是你的一层好友，可以凭面子和关系转发了，但是他的朋友看到你的信息就很难给你转发了，因为朋友的朋友并不一定认识你。所以，只有给你的粉丝群体设计一个共同会响应的"好处"，才能通过裂变转发，吸引更多的目标粉丝。

那么，好处大致分为以下两种：

第一种：金钱。这个好处大多数人都想得到，只是多少的问题，例如：你让普通人给你转发一下，你给他 10 块钱的红包诱惑，这是可以实现的。

这样的方式有一个缺点就是：无法起到过滤作用，什么样的人都在转发，带来的客户粉丝不精准。

你也许曾经发现，有的公众号的推广策略，只要关注就自动发红包，并且推荐人来关注，推荐人和关注人都可以拿红包，一瞬间可以吸粉几百万。但是问题来了，这样做虽然可以带来粉丝关注量，但是都不知道是些什么人，无法清楚地知道他们身上的标签。

所以，同样是粉丝，但是作用却不同，如果是精准的粉丝客户，哪怕只有 100 个人也能创造价值，如果是不精准的粉丝客户，即使有 10000 个也没有用。

也就是为什么"罗辑思维"有 500 万公众号粉丝就可以融资，而其他公众号有 1000 万粉丝也没有人投资的原因所在。这其中最重要的原因就是粉丝质量和价值，因此不建议用"钱"作为转发的好处。

第二种：目标粉丝需要的东西。 可以是实物，也可以是虚拟的，总之根据你定位的粉丝客户群体共性去设计这个"好处"，也就是咱们常说的"对症下药"。

下面我来写两个文案给你学习：

文案一：假设我们是做软装培训的，那我需要吸引的粉丝是对软装设计学习有需求的人，那么我的文案就会如下：

这是一套系统的软装设计师培训光盘教程，这个教程的内容可以帮助设计师 20 天转型做软装设计，且在实体培训班学习这些内容需要 1 万多元，现在我免费赠送给你，如果你能帮我转发这条信息到你的朋友圈，识别第二张微信二维码，把截图给我，我把这套光盘教程的"电子版"下载地址发给你。

图片内容如下：

文案二：我们可以用同样的东西，换一种方式来写，文案如下：

推荐有礼了，特大福利首次贡献，只要你推荐和你一样对软装设计感兴趣的朋友成为我的微信好友，我们一起交流软装。加我好友时需要备注真实推荐人，例如：龙涛推荐，我给你登记，每人成功推荐 6 人，我就赠送这套系统的软装设计师培训光盘教程。这个教程的内容可以帮助设计师20 天转型做软装设计，且在实体培训班学习这些内容需要 1 万多元，识别第二张微信二维码，把截图给我，免费包邮，你的朋友来了也可以参加这个活动，数量有限，仅限今天晚上 24 点之前。

看了以上两个案例，你应该可以看出，一个是"虚拟好处"，一个是"实物好处"。两个案例都是通过这两个"好处"来完成一个小规模的裂变吸粉活动，但是，为了能够让你学到更多精髓，我把这两个文案里面的核心策略秘诀告诉你。

秘诀一：发朋友圈的最优格式：文案 7 行以内 + 图片 2 张（一张说明好处，另一张是自己的微信二维码，如果你的活动是收钱的，那你就放收款二维码）。

为什么这是最优格式呢？

因为当朋友圈文案超过 7 行的时候，7 行以外的内容会被自动折叠成一行，如果粉丝不去点击打开看的话，他们根本不知道里面的内容是说什么。

朋友圈的刷新方式是以时间轴瀑布流的方式展现的，发个朋友圈，同时能看到的人很有限，如果你的内容被缩成一行，那就会损失一部分不点击"全文"的粉丝，这样的话，你的启动源就会小很多，裂变转发的效果就会大打折扣。

那为什么图片是 2 张呢？

这个主要是为了让客户方便转发。你可以想象得到，你的第一层和你关系紧密的这群粉丝，他们可以凭关系和面子，耐心地帮你把每一张图都保存，然后发到朋友圈，但是，当内容裂变到二级的时候，虽然别人很想拿你的好处，但是发现要保存很多图片，然后再复制文案，再打开朋友圈发送截图才可以获得，很多人就望而却步了，因为步骤太麻烦。

所以，最好设计为两张，一张说明好处是什么，一张是自己的微信二维码，用户保存起来不费力。

温馨建议 1：如果你的文案 7 行写不完，就可以把重要内容写在上面，辅助内容写在评论里，因为评论不会被折叠，朋友圈的好友一样可以看见。

温馨建议 2：如果你的"好处"的确需要多张图片才能展示，最好的方式就是用拼图软件把图片合成到一张上面，这样就可以达到原本多张图片才能达到的效果了。

秘诀二：后续跟踪，提升裂变效果。

在前面已经讲过，我们的朋友圈是随着时间轴更新的，并不是你有多少好友，你发了个朋友圈，所有的人都能看到，而是当你发的时候，刚好好友在看朋友圈，或者你的好友在翻阅自己朋友圈的时候，拉到很前面的时间，就看到了。如果看朋友圈频率低的好友，就很难看到你发的内容。

例如，我们发布了一个活动，如果你有 3000 人的微信好友，只有 300 人看到了，但是并不代表其他的 2700 人对你的活动不感兴趣，只是他们没有看到而已，接下来怎样做才能让他们看到呢？

那就是，一个活动不能只发一次，但是，你又不能简单地把同样的内容重复地发。而是需要通过跟踪的更新方式，让更多的人去翻阅之前的活动信息，对你的朋友圈产生持续的影响。文案可以如下：

用第二个文案来举例：

跟踪文案 1：到目前为止，已经有朋友最高推荐 30 个好友，总累计参与人数 300 人，活动还在持续中，现在仅剩最后 2 小时，到今晚 24 点之后，我会把推荐人名单公布出来，然后请你准时微信联系我，给我你的联系方式，方便发货，同时提示，还没有参加活动的朋友，请看我今天的第一条朋友圈内容。

跟踪文案 2：推荐有礼活动已经结束了，下面正式公布获奖名单，请获奖者微信联系我，提供你的联系方式，方便给你寄送教程，同时也友情提醒，如果你想要获得这套原价 1660 元的教程，现在下单，只要 198 元，并且包邮，请识别二维码付款，仅限 10 个名额。

这后续跟踪的文案既解决了内容不重复发的问题，也影响了更多的人参与活动，最后还顺便卖了点东西。

特别提醒：朋友圈更新最佳时间是早上 8 点至 9 点、中午 12 点、下午 5 点至 6 点、晚上 8 点至 10 点，这几个时间段发布内容会提高朋友圈参与人数，但是切记，不要为了让别人知道你这个活动，而用群发助手发私信好友。

朋友圈吸粉之文章转发吸粉

上一篇已经讲过朋友圈吸粉之好处转发吸粉，本篇将给你透露一个绝密的文章吸粉策略。这是你接单必备的利器，请你务必高度集中注意力，因为这个方法每年为我的公司带来了上千万的收益。

文章转发吸粉是设计自明星需要学习的重点，掌握这些文章的技巧尤为关键，下面我将分享文章转发吸粉的秘诀。

文章需要解决四个问题：

（1）如何让人看到你的文章标题就想打开看？

（2）如何让人看了你的文章就被吸引？

（3）如何让人看一眼就觉得你的文章好阅读？

（4）如何让人看了你的文章后就帮你转发朋友圈？

那么，具体如何做呢？

第一个问题：如何让人看到你文章的标题就想打开看？

标题的好坏决定文章的打开率，也就是浏览量。如果没有浏览量，再好的文章也没有用，就像我们每天看的微信新闻一样，都是语不惊人死不休的。

下面我举两个例子你就知道了：

（1）易配大师全国全案设计大奖赛，成都站启动仪式限额报名中；

（2）"你就是设计大咖"全国全案设计师高峰论坛成都站限额报名中。

就是这两个标题，你感觉哪一个的打开率要高一点？读到标题的时候你会想到什么？

读到第一个标题的时候，你会认为，这是人家的一个大奖赛的报名活动，你自己又不参加这个大奖赛的，打开看什么呢？

第二个标题，你会是什么感觉？你会认为这是一个设计大咖高峰论坛，你下意识地会点开看看里面的内容，之后你就有可能被里面的内容吸引，然后报名参加这个活动。

然而，就是这个过程，仅仅只有 0.01 秒的时间，抓住潜在粉丝的眼球就在于此。

第二个问题：如何让人看了你的文章就被吸引？

文章的开头非常关键，必须一开始就要吸引眼球，如何做到呢？

（1）分析痛点；

（2）描绘好处。

文章是你和潜在粉丝沟通的工具。沟通的时候，你必须在最短的时间内吸引对方，然后对方才会进一步和你沟通。

所以，你不要先讲自己，要先分析对方的痛点和问题，让读者立刻跟你产生共鸣的感觉，这样他就觉得你的这篇文章能帮助到自己，然后才会有看下去的欲望。

接下来，你再罗列一些能够给读者带来的具体好处，那就能更好地吸引人了，例如你看到的本文的开头就是这样设计的，如果你还不清楚，你可以继续关注我的公众号，看我写的文章。

第三个问题：如何让人看一眼就觉得你的文章好阅读？

如果文章让读者感觉非常散，主要原因有以下三个：

（1）不懂段落之间的处理；

（2）不懂文章逻辑框架结构；

（3）不懂排版中的留白处理。

如果你的文章一上来就密密麻麻的十几段文字，别人一看就觉得晕，如果每一段都非常长，十几行都不换段，读者就会更难读下去了，所以，我的文章一般是 3 行文字左右为一段。

其次，我的文章都会有一个逻辑框架结构，虽然写的是很专业的内容，但是语言简单，偏口语化，什么人看了都能懂，而且不累。

最后就是文章排版设计中的关键因素：留白。

在传统媒体时代，因为版面有限，所以文章堆积几十行才换段，这在互联网时代就不适用了。互联网上的文章段落与段落之间必须空一行，然后再起一段，这样的留白处理可以让读者在视线上聚焦（如果文章过长，可以适当配图）。

所以，只要你的文章懂得这些段落处理、逻辑框架和留白，读者在没有具体看之前扫一眼，就会感觉清晰明了。

第四个问题：如何让人看了你的文章后就帮你转发朋友圈？

评判一个文章好坏的标准有以下三个：

（1）转化率；

（2）浏览量；

（3）转发量。

1. 如何提升文章的转化率

不同的文章都有不同的目的，有的是为了获得粉丝，有的是为了销售产品或者服务。总之就是通过文章实现我们想要达到的目的。

方法一：如果你要让粉丝看到我们写的文章，就觉得你的设计很专业，渴望找你做设计，那你就该分享你的设计案例及你的设计理念，这样的文章使粉丝转化成客户的概率就会大幅度提升。

方法二：如果你是想吸引更多设计师关注你，那你就写你自己的设计生活、设计师的痛点、设计行业的痛点等，这样就会吸引很多设计师粉丝关注你，视你为精神领袖，追随你。

2. 如何获得较大的浏览量

方法一：发到较多的平台上。

在上一章中我已经讲过，发的地方越多，曝光率就越高，自然就会得到更多潜在的粉丝客户，具体的在这里不再详述。

方法二：文章标题设计技巧。

前面已经讲过标题的问题了，再次提醒，你的标题决定你文章的浏览量，请慎重起标题。

3. 如何获取较大的转发量

这个是文章吸粉的关键所在，即使不是你写的文章，也需要借助别人的力量帮你带来粉丝客户，所以，文章转发量的多少决定你文章吸粉的数量。

那么，如何才能让你的文章有较大的转发量呢？

仅用两招即可：

第一招：暗示用户转发

就算你的文章写得再好，如果结尾不做暗示，绝大部分人是没有意识去转发的，但是，只要你稍微暗示一下，喜欢你文章的朋友就会把文章转发到朋友圈、QQ 空间等地方。

所以，在我的文章结尾都会写上："如果你觉得有收获，请把本文转发到朋友圈或者转发给你的朋友。"

第二招：诱惑用户转发

这是比暗示更高一个级别的玩法，你是通过给别人好处诱惑别人转发，实现裂变的目的，所以，我以前在文章结尾都会写上："如果你觉得本文有收获，请转发到朋友圈，然后加我的微信即赠送软装设计教程及营销教程。"

特别提醒：目前微信公众号已经不允许用诱惑转发的方法了，但是发到其他平台的文章可以使用这个方法。

以上就是文章吸粉的精髓，请多读两遍。更多有关写作的问题，可以多看看我的文章，不会写就先仿写。

微信公众号吸粉秘诀

无论是设计自明星，还是自媒体，我们都需要依赖一个工具，而这个工具就是微信公众号。公众号粉丝的多少就等于收益的高低，例如，现在几万粉丝的公众号，每一年靠广告投资都可以收益十几万元。

但是，作为设计自明星，我们使用公众号的目的是以吸粉为主，所以，只需要注册一个"微信订阅号"即可。

那么，接下来我将给你分享微信订阅号如何轻松吸粉？

订阅号吸粉主要运用的是文章，因为每天可以群发一次文章推送信息，而每一次可以发布 8 篇文章。但是，对于做"设计自明星"的人，每一天发布 1~2 篇文章即可，因为每一天原创需要大量的时间和精力，如果是团队运作，可以每天发布 4~8 篇。

当然了，你写几篇不是重点，重点在于文章的质量，所以，如果你写的文章质量很高，哪怕是一周一篇也是会带来很高的阅读量和转发量的。但是作为设计自明星的起步阶段，建议你还是需要多写、多转发，从而积累初期粉丝。

在前面的内容中，我已经讲过文章吸粉的关键点，现在你只需要把写好的文章发布到微信公众号即可。

你需要掌握订阅号吸粉的两个要点：

1. 微信订阅号打开地点

很多人以为关注某个公众号以后，每天都会去"订阅号折叠栏"里查看，其实不然，自从微信升级将"订阅号"折叠到一起之后，订阅号的文章打开率不到 10%。

也就是说，你发布的文章信息将会降低被打开的概率，所以，如果要吸引新的粉丝，你写的文章必须转发到你的朋友圈，这样才有可能被新关注你的潜在粉丝客户看到，并且你应该能发现，我们每天看到的很多文章几乎都是在浏览朋友圈的时候被某一个标题吸引而打开观看的。

所以，文章吸粉的关键一步在于你的标题要有高打开率。

2. 会被读者转发到朋友圈

如果你的文章不会被读者转发到朋友圈，那么，你的潜在粉丝客户增长就会慢得像蜗牛一样，所以，除了高打开率的标题以外，还需要注意以下4个要点：

（1）抓住注意力 + 筛选客户。

抓住注意力和筛选客户是同步发生的，抓住注意力在于抓住谁的注意力，而这个"谁"就是你想要筛选的客户，你不可能抓住所有人的注意力，因为每一个群体的关注点不同。

例如，你定位的是做五星级酒店的软装设计，那么，你需要考虑的是五星级酒店老板最在意的是什么？

他们更注重的是特色，酒店软装如何提升酒店的回头率、入住率、客户感觉及提高营业额的设计等。

知道他们的需求以后，你只需要抓住要点来写东西，从而抓住他们的注意力。抓住他们注意力的核心秘诀是写读者最在意的内容，所以，在你的标题里面就要有他关注的点。

例如标题是：《这个五星级酒店生意为什么这么火，就是因为它拥有一个秘密武器》，你想象一下，这样的标题是不是酒店领导者关心的。打开以后，你分享的是设计的作用，是不是会吸引他们对你的关注？

（2）需要一个赞不绝口的正文。

你的标题写得多么的美好，如果进到正文，内容很糟糕，也是很难吸引到粉丝的，所以，有了高打开率的标题以后，正文内容才是转化成功与否的关键。

那么赞不绝口的文章需要注意以下 7 个要点：

第一，重要的是你，不是我。

写文章，人称很关键。在写文章的时候，我们要用的是"你"，就像我们与读者之间坐下来聊天一样，而不是和一群人聊天，所以，在文章里面，请不要使用"你们""大家"，而是使用"你"，这样就可以一直抓住对方的注意力。实际上，在看文章的时候，也只是他一个人，没有别人。

第二，真实的口吻。

作为"设计自明星"，做任何事情都需要彰显你的个性色彩。文章、设计风格、说话风格等都是你真实的声音，不能像新闻稿那样，写得文绉绉的，那就没有用了，因为现在大多数的人们不想去思考，只希望你给他一个简单的答案即可。

而你的目的，也不是为了"炫耀"你的文字功底，而是希望通过文字，把你内心的感受、你的思想、你的价值观和对设计的看法等转移到潜在粉丝客户的脑海里，让他们认可你，找你做设计。

第三，标题与正文统一字体。

我们现在写的文章多半用于网络传播与阅读，所以排版清晰简单尤为关键。字体不建议用多种，标题和正文建议用统一的字体，在正文中，千万不能使用"不同的字体"。

通常情况下，我们统一使用的字体是"微软雅黑"，因为这个字体方便人们阅读，也是通用字体，所有的浏览器和智能手机都能默认识别。

当然，也不是正文完全不能用多种字体，比如，在你有意需要客户阅读的时候停顿的部分，或者是区隔内容之间意思的时候，就可以用不同的字体。

第四，段落。

由于智能手机的普及，人们可以迅速地获取信息。知识就在"弹指一挥间"，大量的信息抵达粉丝客户的手机，他们不可能都能看完，所以"可读性"就非常重要。你的文章必须清晰易读，不要一上来就让读者看到的全是密密麻麻的文字，这样就很难读下去。

具体的段落形式在上一篇中已经讲过，在这里就不多讲了，但是你要记住一个原则，你的文章是用来传递你的思想的，如果你的潜在粉丝客户都读不完你的文章，再好的东西也没有用。

第五，加重。

这是一个很容易让人犯错的地方，如果"加重"部分过多，整篇文章就会令人"眼花缭乱"，根本无法细读。加重的目的是为了增加内容的"可读性"，加重和重点词没有关系，加重的目的是给读者一个想法，但是这个想法是"不完整"的。

你要知道，当一个人想要放弃阅读的时候，他会自然地往下浏览加重部分的内容，看看还有没有感兴趣的点。如果他对其中一个"加重"的地方感兴趣，但是这个地方是一个不完整的信息，那么他就会情不自禁地浏览"加重"内容周围的文字，这样就会被这些"加重"的文字带着，一步一步地轻松读完整篇文字。

所以，"加重"是一篇文章必不可少的东西，你可以通过加粗、改变字体颜色、加背景颜色来实现"加重"的效果。但是切记，不管你选择哪种"加重"方式，一定要统一风格，不要用过多的颜色。

第六，标点符号的运用。

标点符号的运用对于一篇文章来说同样重要。其实在我的文章中，在这本书里，我都用了几个重要的符号，如省略号"……"、括号"（）"、问号"？"、双引号""等标点符号，每一个符号起到了不同的作用。

例如在一个问句后加上省略号，这个省略号的目的不是省略了多少内容，而是让读者深思并有渴望得到解答的感觉。

用括号表达"注释"或者"悄悄话"的感觉，可以拉近和读者的距离，而有括号和没有括号的阅读体验区别是巨大的，所以建议大家好好运用。

第七，颜色。

你的标题和正文可以使用不同的颜色，但是不要使用过多的颜色，特别是亮色调的颜色少用，因为很难入眼。一般建议使用暗色调。

太多的颜色容易让人产生眼花缭乱的感觉，如果一篇文章中有多个副标题，那么他们的颜色最好是统一的，不要一会儿是蓝色、一会儿是红色等。

要永远记住，文章需要的是"可读性"，能否让客户轻松阅读是由你文章的写作排版方式决定的。

（3）暗示转发的文案。

上一篇文章中已经讲过，但是这里还是需要再次强调一下，因为这个地方是很多人容易犯错的地方。你试想一下，当你写了一个吸引眼球的标题把粉丝客户吸引进来了，并且用了以上 7 个秘诀写了一篇"可读性"很强的正文，但是到了文章结尾，你什么都没说，可能会白忙活。

因为读者可能看完以后，就拍屁股走人了，你什么也没有得到。所以，你要记住，你的文章写得多好，如果没有人给你转发和传播，就无法吸引新的粉丝客户。这个时候我们要乘胜追击，让他们在认同我们观点的情况下把文章分享到朋友圈（具体的已经在上一节内容中分享，忘记的请再去看一遍）。

（4）吸引关注的主张。

经过上面的三步以后，读者可能给你转发，也有可能不给你转发，但是不管结果如何，你都必须做一件事情，先锁定每一个读过你文章的人，因为只有锁定了，才能有下一次机会让他帮你传播，才能继续影响他。

所以，我们需要让他关注我们的公众号或者加我们的个人号，最好是两种都同时使用。设计一个"无法拒绝的吸粉主张"，你就需要设计一个

"赠品"（上一节内容中已经分享过我的案例），让粉丝渴望拥有的东西，并且对他有很高的价值。

　　所以，你设计的赠品最好是虚拟的，而且通过这个赠品能够再次影响潜在粉丝，比如设计作品集、优秀设计案例等。

垂直定位领域 APP 吸粉秘诀

在移动互联网时代，最多的就是各种垂直领域 APP，而这些 APP 上就聚集大量的潜在粉丝客户，我们需要做的就是在这些平台上发布"鱼饵"即可。

例如，你定位的是装修设计师，主要是想获取硬装设计的客户，那么你就在装修行业的 APP 发布鱼饵；如果你定位的是酒店软装设计师，你就去酒店类的 APP 发布鱼饵；如果你定位的是餐饮软装设计师，那你就去餐饮行业 APP 发布鱼饵。以此类推，寻找属于你的潜在粉丝鱼塘，精准引流。

那么，主要的吸粉方式有哪些？

第一种：短文案吸粉。

我在第四章中讲过文案的写作吸粉，在此就不多叙述了，但是需要你记住一个原则，就是你有一个别

人想要的东西，很有价值，如果他想要，就在下方回复留下微信号，你发
给他……

举例：如果我们需要吸引的是做装修的客户，我们写的文案如下：

**我花 5000 元买的 100 套你从未见过的装修风格套图，现在觉得放着
没有用，不足以发挥它的价值，思来想去，还是觉得让更多人用上才好，
所以我决定免费赠送，想要获取这些装修图的朋友们，请你在下方留言回
复微信号，我加你微信，给你下载地址。**

然后贴上几张漂亮的装修风格图片。

这样就会有很多人顶贴，留下他们的微信号，你只需要每一天去加人，
然后把你事先准备好的资料发给他们，并且在资料里面留下你的宣传信息
即可。

第二种：文章吸粉。

长文章吸粉的模式跟前面两节内容分享的模式一样，你把写好的文章
再次发布到这些 APP 里面即可。

百度、360 等搜索引擎吸粉秘诀

——————

在 PC 时代，搜索引擎无疑是流量最大的入口，而流量最大的无疑是百度，其次是 360 和搜狗，这些搜索引擎都是我们当初用来探索互联网世界最好的工具，通过它们，可以找到我们想要的内容。

因此，凡是在这些搜索引擎搜索任何内容的人群，都有自己的目的，每一个搜索的关键词其实就代表他的心理需求，而我们要做的就是根据人们的需求推送与之相关的产品。

那么，现在我来分享，从搜索引擎吸粉的两大步骤：

1. 根据你销售的服务，寻找匹配关键词

以百度为例来讲解（因为搜索引擎的规则类似，且百度的人流量比较大，所以我们的重点在百度），潜

在客户的来源大部分来自于关键词的搜索，我们的目标是通过百度搜索获取精准流量。

但是，在茫茫的人海中，我们不知道哪些人是我们的潜在粉丝客户，因为他们都在网络里，我们看不见他们，所以只有通过关键词这个过滤器，来筛选我们需要的潜在粉丝。

例如，如果是做装修的，我们就吸引那种对装修有需求的粉丝来即可，那么，他们会在百度搜索"北京装修公司""北京装饰公司"等，如下图：

而搜索这些关键词的人极有可能就是你的潜在粉丝客户，否则他是不会搜索这些关键词的。

就是通过这套逻辑思维原理，你可以寻找与你锁定的同一人群的不同需求，来挖掘潜在客户。

也就是用这样的逻辑推理推出更多的相关关键词，越多越好，循着这条主线，你可以寻找出成百上千的关键词，寻找完关键词以后，就可以进行到第二步。

2. 投放百度竞价，引流到吸粉网站

我们通过第一步的方法找到精准关键词后，需要在百度开一个竞价排名账户（如果不知道如何开，可以直接找百度，也可以在淘宝找人帮你开），开通账户以后，你就可以对你收集的关键词进行付费投放推广。

这样，你需要的潜在粉丝就会通过搜索引擎进入你的"吸粉网站"。

这种方式相对于免费的百度关键词推广来说是见效最快的方式，其中的考核关键还在于投资回报率。如果你投入 100 元吸引的粉丝可以让你得到 1000 元的回报，这样的投放就是有效的。

我的朋友，就是用这个付费模式，让他的生意从年收入 50 万元，达到年收入 2 个亿。当然，现在已经没有这样的机会了，但是如果对这种方法做出合法灵活的调整，你会比同行投入更低，收益更多。

特别提醒：这个部分的内容有一定的门槛，如果你需要使用，可以专门学习或者咨询我。

"病毒视频" 吸粉秘诀

_____

网络上，适合病毒传播的，除了文章以外，最厉害的就是视频了，甚至有的时候，视频的威力更大。

有意思、好玩的视频往往会引发大量的转发，我们可以利用一些视频实现小规模吸粉，下面我来给你举例子：

1. 微信 "病毒视频" 吸粉

你应该经常看到微信里有很多有趣、搞笑的视频，这些视频像病毒一样在各种各样的群里转发，但是却很少有人知道，我们要做的就是借用这种天然的流量来吸粉。

方法很简单，找到这些有趣、搞笑的视频，在视频的后面编辑一下，把你的二维码放在视频的最后，然后把这些视频发到一些群里，这样就会实现一小波 "病毒" 的蔓延。每一个视频就是一个小小的 "病毒"，不断地被传播，创造更多的流量，自然也会有人关注你。

当然，这种视频带来的粉丝不一定是你想要的，客户精准度不够，这样的做法适合那些做搞笑小视频的人，他们可以通过这个接视频广告的单子。

2. 设计专业视频吸粉

其实，这个方法很简单，就是录制一些有价值的设计视频，分享一些高端的设计案例，根据你的定位，挑选一些客户渴望看到的内容来录制视频。

例如：视频分为上段和下段，在视频上段播放结束之后，你可以留下一个转发主张，如果你想看到下段视频，请把本视频转发到你的朋友圈，然后加微信，就把下段视频给你。

这个就像别人在看一段精彩的电影一样，看到一半，突然停了，你会疯掉，会很难受。同样的道理，如果他觉得你的东西很好，你不需要他付钱，只需要他转发就可以获取下半段，他是很乐意的。

其实这一招非常好用，只要你能够自己创作优质的视频内容，再把视频上传到各种视频网站，写上一个高打开率的标题，然后再转发到你的朋友圈，只要你的内容中有用户渴望知道的东西，那么"病毒"就会自动蔓延。

没有粉丝如何借力吸粉秘诀

————————

任何好的病毒传播，都需要一个启动源，这个启动源可以是微信群，也可以是自己的朋友圈，或者是你邀请好友帮你转发传播，总之，不管多好的"病毒"，如果启动源不够大，传播的效果就会大打折扣。

但是，一般情况下，你是一个新人，刚开始起步，一个粉丝都没有（或者不够多）怎么办？

其实不用担心，天无绝人之路，这个时代你的需求就是别人的商机，你只需要花钱购买大量的启动源就可以了。

现在就有很多的启动源平台，他们都是真实的人，例如微播易、疯传，他们就是一个传播平台，你可以注册一个账号，把你要推广的内容上传到平台，然后充值一些费用，建立一个投放计划即可。

其实，类似的平台很多，一般的都是转发文章、

H5 页面、购物网页等，你可以在百度搜索一下"朋友圈推广"，就会出现很多这样的平台，如下图：

这些朋友圈推广的模式都类似，如果你没有粉丝，就赶紧用这个方式先启动吧，但是你需要记住，这样的方式吸粉的重点在于你的"鱼饵"，只要"鱼饵"够香，粉丝自然就会来。

设计方案分享——
疯狂吸粉的秘诀

———————

通过以上的讲解，你应该已经明白了，吸粉的重点在于"鱼饵"＋"无法拒绝的吸粉主张"，然后找到启动源，散播"病毒"即可，但是上面讲到的都是以文章和视频作为吸粉的载体。

那么，接下来我将为你分享"如何用设计方案作为载体吸粉"。

下面我把两个案例分享给你，你就知道设计方案吸粉的作用了：

案例一：设计方案吸引设计师报名课程。

这个非常简单，只需要我们整理一些学员的设计方案发布到设计师聚集的地方，如发布一条短文案，文案的内容是：**"我这里有 10 套优秀的系统的软装设计方案，这个方案拿去就直接可以套用接单，如果你想要，**

请留下微信号，我将免费发送给你"。

然后配上这些方案的部分图片，这样的文案发布到设计师论坛，就会吸引大量的设计师留下微信号，达到吸粉的目的。

同样的道理，这个方式可以发布到装修设计论坛，吸引的人就变成潜在需要做装修的设计客户，当他拿到你的方案以后，他一定是不懂的，到时候还得找你，你不但实现了引流，而且还实现了成交。

案例二：前端低价售卖设计方案，后端做项目赚钱。

例如我们开发了一个平台——"易配大师"，其中的一个版块就是设计师可以上传自己的设计方案，让别人购买。

那么，购买方案的人分为两种，**一种是潜在粉丝客户，另一种是设计师客户**，不管哪一种客户，我们都通过方案的售卖实现前端收益。

通过前端售卖设计方案，可以提高你的设计知名度。如果是潜在客户看到你的方案购买的人多，客户自然觉得你的方案很好，这个时候，客户自然也会购买你的设计方案（马太效应）。

但是，这个客户买了方案以后，肯定不会用，但是他又很喜欢你的设计方案，自然就会再找你做设计。作为设计师而言，就实现了通过卖设计方案，然后实现做项目的目的。

所以，用设计方案作为前端，成交项目作为后端，也是一个快速吸引潜在粉丝客户的手段（但是我知道，很多设计师没有这样的思维模式，希望本书介绍了以后，你能改变自己原有的思维模式，让自己有技巧地赚钱）。

　　上面的两个例子都是运用一个知识产品为"鱼饵"实现吸粉，即把一个产品当成前端，让客户再次购买我们的另一个产品或服务即放大"粉丝终身价值"作为后端。这就是为什么"免费的就是最贵的"道理所在。

激活老客户，主动吸粉秘诀

其实我知道，很多人的手里都有众多的老客户资料，但是从来没有用过，越是做时间长的人，老客户数据就越多。

其实这些老客户数据是很有价值的，因为这些老客户至少对你是有一次信任基础的，那么，我们需要做的就是激活老客户数据里面的部分客户，让他们进入到我们的微信系统里，这样我们就可以随时跟他们交流了。

在以后有什么活动都可以做营销测试，可以第一时间抵达老客户的手机里，让这些客户变得可控，而且更能轻松成交。

那么，激活老客户，我们通常使用两套方法：

1. 用软件加通讯录好友

将老客户数据整理出来，把非电子版的整理成电子

版，然后把他们切割成多份，比如 1000 条一份，用 QQ 通讯录或者 360
手机卫士等软件把通讯录同步到手机里，然后再用一些微信自动添加通讯
录好友工具，设置一个打招呼的文案，批量添加即可。

当然了，这些工具是随着微信的更新而不断更新的，有可能今天能用，
明天就不能用了，所以当你看到这本书的时候，有些可能已经不能用了，
在此我就不做推荐，如果你以后有需要，可以加我的微信号，我将推荐最
新、最有用的工具给你。

2. 短信群发激活

注册 3 个微信号，同样准备 3 份 1000 人的手机号名单，写 3 条不同
的文案，分别用软件发送，然后看看 3 天之内，哪个微信号加的人最多，
计算出转化率，哪个文案的转化率高，最终剩下的名单，就用这个转化率
高的短信发送。

短信的内容控制在 70 个字之内，需要简单明了，主张明确，不要说
加微信有惊喜、有神秘礼物之类的话，更不要说加微信送优惠券，这些东
西对于用户来说是无感的，只是你认为给他好处了而已，但是这个好处对
方是不响应的。

所以，你要设计一个超级赠品，这个赠品是粉丝人群一听就渴望拥
有的。

具体的文案我在此就不举例了，以免你的思维受限，但是我要告诉你
一个秘诀，最好的文案就是同行的，你可以借鉴，然后避免前面所说的几
大要点，那你就可以放心进行测试了。

　　下面我们来总结本章的内容吧，这章让你重新认知了什么是"粉丝"，与你分享了 10 种不同的吸粉秘诀。其实，吸粉的方式还有很多，但是不管是哪一种，都需要设计一个"鱼饵"，然后找到粉丝鱼塘，把"鱼饵"投放给粉丝，把他们转化到微信里。

　　但是需要提醒的是，不管你用什么样的"鱼饵"，到哪里吸引粉丝，都不要着急成交，因为你还需要学习后面关于信任建立的内容。

　　不过，以上的方法你未必都需要用上，只需要挑选适合自己的方法应用即可。很多时候，100 招练一遍不如一招练 100 遍来得更有效，不求多，只求精，聚焦才是最大的力量。

DESIGNER
BUSINESS
METHOD

第 7 章

获得粉丝信任的
技巧

你的收入如何与你的影响力成正比？

前面一章已经把吸粉秘诀讲完了，相信你已经有了清晰的理解，但是，我还是担心你可能会有误区，认为吸粉之后就可以成交了。

的确，你可以选择其中的一些方法吸粉到微信，然后成交某个项目，但是这样缺乏可持续性，会让客户认为你是一个业务员，不是一个设计师。这个和"设计自明星"的定位是有出入的，设计自明星是通过一种身份、一种个性或一种价值的持续输出影响对你有认同感或者志同道合的人，持续地通过影响力变现（这个在第 8 章我会详细讲解）。

做"设计自明星"除了专业知识，一定要学会制造影响力，影响力越大，价值就会越高。很多设计师感觉最近几年签单越来越难，竞争越来越大，钱越来越难赚，其实你只是看到了表象而已。

你仔细想想就可以发现，现在根本不缺项目，缺的是能接项目的实力，越是大的项目，能承接的人越少。然而最赚钱的都是这种高端项目，可是，越是高端项目，承接者越是需要有一定的影响力。

所以，如果有一个项目，你跟设计大咖同时去接，请问客户会选择谁？毋庸置疑，客户一定会选择设计大咖，因为他的知名度更有信服力。

所以，越是大的项目，越是在乎设计的本质，他们情愿花费一定的设计费，也不愿随便找一个免费的设计师。

那么，我重点提醒你一下：如果你想获取更多收入，渴望摆脱天天改图、做低端项目的困境，你现在有效的出路就是做"设计自明星"。因为越是赚钱的项目越是要求品质，越是高端的人群越是渴望跟名人打交道。

其实，在未来，是不是你做设计并不重要，最重要的是你是否拥有权威的影响力，如果你没有影响力，再好的设计也很难有人愿意付费，再赚钱的项目也难让你成交。

同样一句话，你说出来，别人不在意，而设计大师说的都是真理和创意，改图的概率就会大幅降低。而这一系列的原因就是你没有影响力。其实很多时候，你的创意和谈单的内容根本不重要，重要的是谁在给客户讲。

就像我跟设计师讲，设计师的未来必须做软装设计，并且用互联网包装自己，把自己打造成设计自明星才能赚大钱，很多人会相信。但是这句话如果是你讲，可能就没有谁会听了。

所以，重点在于你在客户心中的影响力有多大，影响力越大，你与粉丝客户的信任才越容易建立，签单也才变得越容易。

设计自明星建立网络信任的递进公式

设计自明星建立网络信任的递进公式:

第一,文字:基础信任。

第二,图片:介于基础信任与中度信任之间。

第三,声音:中度信任。

第四,视频:介于中度信任与强度信任之间。

第五,见面:强度信任。

1. 文字

在网络中,最常用的主要交流媒介有四种,分别是文字、图片、声音、视频。而这四种信息抵达人的大脑时,产生的信任感完全不同。

最基础的信任就是文字，潜在粉丝客户通过文章认识、了解我们，这个时候的信任还是比较薄弱的，虽然我们通过"文字"让潜在粉丝客户产生"视觉幻象"，但那还是不够真实。

2. 图片

如果你的文章中插入自己的照片，那么信任感就会增强。例如你说你跟某位设计大师很熟，你的潜在粉丝不一定信你，但是，如果你在文章里插入几张你与这位设计大师的合影，那么，可信度瞬间就会提升很多。

3. 声音

文字和图片之后就是声音了，如果你一直和一个网友在微信上聊天，但是你从来没有听过他的声音，即使他发过自拍照给你，你都无法确信对方是真实的人。

但是当对方用语音与你聊天以后，你就能立刻感觉到对方是一个活生生的人，并且你会将文字＋图片＋声音自动组成一组可以让你想象的画面。

同样的道理，你的粉丝客户亦是如此。所以在与粉丝的交流中，声音很重要，它是可以推进信任度的关键一步。

4. 视频

如果你的潜在粉丝客户是通过你的视频演讲认识你的，那无疑在网络中是最高信任度的阶段，因为视频有画面、有声音，粉丝客户可以感受到你的外表、风度、个性，而这些都是前面的信任总和，在这个空间可以瞬间与你的粉丝客户建立连接。

你可以想象一下，如果你的粉丝客户问你问题，你直接跟他微信视频聊天，会发生什么？我保证你们聊完之后，他会对你的信任有一个巨大的跃进，甚至会在跟你聊完以后直接跟你签单付款。

5. 见面

如果你要把人与人之间的信任关系推进到极致，那必然是最后的一步"见面"，线下的见面与网络世界中的信任是无法比较的，因为见面产生的记忆是我们五官同时收集的，在潜意识中的影响非常深远。

这也是我个人或者是我的机构要在各地举办线下聚会和见面会的真正原因，因为只有在真实的世界中接触过，粉丝对我的信任度才会大大提高，并且持续时间会更长。

所以，你做设计自明星的时候，一定要举办线下粉丝聚会，因为你的铁杆粉丝就在这些来现场的人里面。

好了，以上 5 点信任推进逻辑已经讲完，也非常的重要，请你一定要记清楚，因为在后面的实战中还需用到。通过以上的讲解，你能清晰地认识到你跟潜在粉丝客户的信任度实际进行到哪一步。

解密信任背后的商业价值

————————

**信任 = 彼此在对方大脑里的残留记忆深度
（正向记忆）。**

你可以想象得到，在生活中我们绝对信任的人是
谁？我们信任那些在我们大脑中拥有更多**"正向记忆"**
的人，也就是记忆中印象好的人。

由于我们的记忆会流逝，或者被封存在大脑的某个
深处，所以我们在做一个决定，选择是否信任对方的时
候，我们的大脑就会提取与这个人有关的"残留记忆"，
残留记忆越多，且是正向的，那么我们就越信任这个人，
反之越少。

所以，潜在粉丝客户有多信任我们，取决于你在
粉丝记忆中的"正向残留记忆"的多少。为什么我会给
你讲那么多关于"信任"的话题呢？

原因很简单，因为你做"设计自明星"的目的最

终是为了赚钱，要赚钱就要"成交转化"。如果潜在粉丝客户都不信任你，你哪里来的"成交转化"？哪里来的钱赚呢？

接下来，我将给你分享"如何用互动的方式快速制造记忆"。

刚才已经讲了关于信任的问题，而信任问题的解决就是需要你与粉丝制造更多的"正向记忆"。回想一下，我们生活中与朋友之间的"正向记忆"是如何产生的。

首先肯定是需要有接触，然后是交流，再次是互动，然后他们在某件事情上帮助你，或者过节给你送礼物等。

或者你知道你的朋友是某一个领域的专家，例如可能他是医生，然后当你遇到有关疾病的问题时，你会先想到他，然后咨询他，你也会相信他说的，而这些都属于正向记忆。

那么，信任的第一个重点就在于**"互动"**，通过好的互动交流，就可以制造好的记忆。通常情况下，我们与粉丝的互动从性质上可以分为两种："第一次互动"和"日常互动"。

至关重要的"第一次互动"
技巧

————————

我们与每一个粉丝都有第一次接触，就像交朋友
一样，总有第一次。可能第一次是在某人的生日聚会上，
也有可能是在新公司上班的第一天。但是你发现，你并
不会与聚会上的所有人产生互动，也不可能在上班第一
天与所有同事认识。

其实做设计自明星也是如此，做了设计自明星以
后，如果每天有 100 个人加我们为微信好友，但是可
能每天不到 10 个人敢与我们聊天。

事实就是如此，我们的粉丝会因为各种各样的心
理原因而不敢跟我们聊天，如果忽略了这个过程，那对
于我们来说，就是一个巨大的损失与错误了。

而与粉丝的"第一次互动"又尤为重要，因为"第
一印象"极大程度上决定了对方以后是否会大力支持你。

那么，我们如何把握与新粉丝的"第一次互动"呢？

我综合了大多数人的性格特点，把它们组合成了一套可复制的秘诀，这套
秘诀叫"三重信任推进术"。如下图：

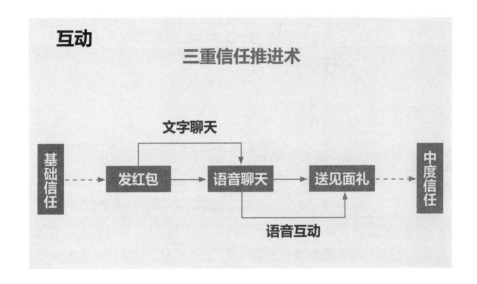

1. 发红包

你要永远记住，当一个新的粉丝客户加你的时候，你与他的信任是薄
弱的，并且大部分都不会与你聊天。

那么，我们分析一下，他既然加你，为什么又不敢与你聊天。其实我们
把角度换一下就明白了，如果有一天你在一个 1000 人的大会上看到某个很
牛的设计大咖，他演讲结束后把自己的微信说出来了，然后你急忙加了他。

请问在他通过你之后，你敢与他聊天吗？当然，除非你是特别善于交
际、内心足够大胆的人，你可能会给他发个"你好"，但是绝大多数人都
是不敢跟他聊天的。第一，害怕对方不回。第二，害怕自己问的问题过于

愚蠢。第三，根本就不知道从什么聊起，只是默默地关注一下牛人的朋友圈，多学习学习。

你的心理同样也是你的粉丝的心理，那么，如果他一直不勇敢，那岂不是没有互动的机会了？所以，这个时候要逆向思考，他不出击，你可以出击。

当你通过他之后，你直接给他一个 0.88 元的红包过去，请问他这一刻会怎么想？

毫不夸张地说，他会在不知所措之后领取你的红包。为什么会不知所措，因为你颠覆了他的认知，他加过无数大咖，但是从来没有一个主动发红包给他的。他原本认为每个大咖都高高在上，但是当他看到你红包的那一刻，这种认知被颠覆了，并且他会感觉到你平易近人。

在这个动作做完之后，还会产生一种神奇的心理现象，他会产生"负债感"，为你以后转化他埋下了伏笔。

"负债感"解析：我们的生活中，经常会发生这种心理现象，例如有一天你一个朋友过来找你吃饭，吃饭之后，他抢着把单买了，本来你感觉理所应当是你付钱的，但是结果被他付了，在他付完钱的那一瞬间，你就有了负债感，心想一定要找机会回请。

2. 语音聊天

发完红包之后，先用文字聊上几句，然后再用语音聊天。为什么不直接用语音聊天呢？因为我们需要制造一种感知的推进，双方本来一直在用文字聊天，然后突然听到你的声音时，在那一刻，大脑会有一个新的感知产生，有点像化学反应，很管用，也很神奇。

当对方感受到你是一个活生生的人之后，他跟你的距离感就拉近了许多，你与他之间的信任关系就慢慢发生变化。

并且你会发现，你用语音和他聊天的时候，他会用语音和你聊，这种现象相信你在日常的微信聊天中也遇到过。

3. 送见面礼

在几段语音交流之后，你需要送他一份"见面礼"。这个礼物需要提前准备，通常来说是虚拟的，可以是你整理的设计案例，也可以是你自己的设计方案，或者是你的演讲视频等，总之没有成本但是很有价值的东西，但是这个东西一定是对他非常有用的。

你可以给他取一个名字叫："见面礼，不成敬意！"。

这样做的目的有两个：第一，由于每一个新粉丝加你的时候，大部分是从当下对你产生的认知，并不知道你的过去，所以，你需要发一些过去分享过的知识给他，如果他看完了，那么短时间会对你产生更多认知，信任感就会越强。第二，继续加重"负债感"。

通过以上三步的推进实施，你可以快速通过"第一次互动"把你和新粉丝客户之间的信任关系，从"基础信任"关系推进到"中度信任"关系。

延长设计自明星生命周期的 "日常互动" 秘诀

除了 "第一次互动" 以外，"日常互动" 尤为关键，因为人的大脑每天关注的事物有限，例如，一些 "明星事件"，刚开始大家都很关注，各种讨论，可是时间一长谁也不去关注了。

其实 "设计自明星" 和 "明星" 是差不多的，如果长时间不在粉丝的面前曝光，其实在某种意义上来说，这个明星是不存在的。以前我几乎每天写一篇关于装饰行业的互联网营销的文章，那时每天加我微信的人有几十人。但是，最近一年由于工作非常忙，中断了写作，一下子变成只有几个人加我了，发朋友圈的号召力也在下降。

也就是说，"不出现等于不存在"。

所以，我们需要与粉丝 "日常互动" 和 "发朋友圈" 的目的只有一个，就是一直存在于他的世界里，即使不是每一次出现都有冲击，但是重点是出现。

出现以后还需要进行互动，下面我给大家介绍互动的秘诀。

发朋友圈是一门高深的学问，怎么发才能与粉丝互动更是一门**"技巧"**。很多人天天在发朋友圈，但是都是发一些"心灵鸡汤"和"打鸡血"的内容，然而并没有什么用，因为你发的东西只是站在自己的世界里跟自己玩而已，你没有站在粉丝的角度考虑，他们其实不是不想与你互动，只是不知道如何与你互动，你没有给他们一个互动的机会。

接下来我将为你分享几个引发朋友圈"高互动"的内容模型。

1. 提问互动模型

在朋友圈向粉丝提问，一般都会得到很多评论，例如：做饭的时候发一条朋友圈，让大家猜是什么？或者其他有意思的东西，也可以发到朋友圈，让大家猜，这些都是非常管用的互动方式。在此也给你分享一个发广告的秘诀："硬广告不如软广告，软广告不如参与感"，而提问可以诱发粉丝参与感，激活你朋友圈的粉丝互动力。

2. 利益诱导模型

朋友圈发福利，互动率就会直线上升，这种方式就是通过给粉丝一个"好处"，诱导他参与互动评论。

例如：有一套关于设计师如何把自己打造成设计明星的绝招，这是我花 200 元买的一套教程，如果我朋友圈的点赞人数超过 200 人，我将在今晚 9 点把这套系统教程免费赠送给你。

这样的文案发布出去以后，会有很高的参与度。

3. 有奖竞猜模型

有奖竞猜的意思是你问朋友圈粉丝一个问题，这个问题的答案你是知道的或者是未来即将发生的，你可以公正坚定地说明，如果谁猜对了，就会有什么奖品。

例如：针对最近很火的一部电影《战狼 2》的文案："玩个游戏，《战狼 2》都看了吧，也快下线了，你认为《战狼 2》的总票房将会达到多少，请在本信息下面留言，留言最接近的前三名，我将发 88.88 元的红包一个，今天已经 34.9 亿了"。

4. 搞笑段子模型

网络上有很多"段子"，有迎合娱乐头条的，有迎合最新节日的，有古灵精怪的，总之能让你觉得这些人太有才，让你捧腹大笑，这样的内容发到朋友圈，互动率也会非常高。

例如：我叫了一个滴滴专车，司机跟我聊他的人生观，他说："我有房、有车、有自己的生意，自己当老板，多么自由。除了天王老子，谁也命令不了我！"我说："前面路口左转"，他说："好的"。

其实分享了这些，你会发现，不管是哪种互动模型，其要领都是让粉丝有参与的机会，那么，学会发高互动率的朋友圈内容之后，你还需要掌握朋友圈的 5 个互动秘诀：

第一，1 对 1 回复。

发布朋友圈之后，一定有一些评论是比较用心的，对于这些评论要"1对1"回复，因为这样会让对方觉得你很重视他。如果他每一次评论都能得到你的回复，他内心的"存在感"就会越强。

第二，1 对多回复。

自己评论自己的朋友圈，所有的好友都是可以看到的，但是如何巧妙地运用这个功能，就不知道如何做了。

例如：我写一个朋友圈：我有一个营销秘诀，学完之后，立刻执行，就能让你的签单率提高 10 倍，渴望得到这个秘诀的请在评论里回复"我要"，满 200 人我就免费赠送。

这样的一条朋友圈发出去之后，一定会有一堆人回复"我要"，这样不但可以完成一次很好的互动，而且你不需要一 一给他回复，你只需要满200 人之后，直接点击"评论"，给出下载链接即可。微信会自动在朋友圈通知在你发布评论之前回复过你这条朋友圈的好友。

如果你再次进行评论，评论过这条朋友圈的人就又会多一条"未读信息"，这个方式你可以想象一下，是不是比你直接发广告被看到的机会还要多呢？

第三，打通好友回复。

微信朋友圈是一个半封闭的圈子，评论人之间如果不是好友，你与其中的一个好友互动，别人是看不见的，并且他们之间也看不到这条朋友圈的评论内容，所以，如果你需要造势、借力，你就需要学会打通好友评论。

这个方法非常简单，只需要复制朋友圈你想让别人看到的内容，然后用好友的名字加上你需要回复的内容即可。

例如我想要人看到："《你就是设计大咖》这本书开始众筹出售了，定价是 88.80 元。" 我希望别人看到这本书需要 88.80 元， 那么我可以回复一条信息："某某说，这本书需要多少钱？" 这样发布出去的话，就会带动更多人关注这本书的价格，然后我再公布出去，就是一个广告。

第四，制造火爆场面。

如果你通过朋友圈做一些活动，你就要学会利用评论"制造火爆场面"，比如，前面我说的，如果满 200 人回复，我就分享瞬间提高 10 倍签单额的秘诀。但是到了 40 个人回复的时候，你就需要自我评论一下"哇，真快！短短几分钟就已经有 40 个朋友想要了"。然后到 100 人的时候，你又可以评论播报一次，这样的话，评论过你朋友圈的粉丝，就会感受到活动热闹的场面，同时也能感受到你的影响力。

第五，二次提醒功能。

有的时候，你在朋友圈需要持续讨论和推进一个话题时，就需要巧妙地设计发布朋友圈的环节，并且利用"1 对多的回复"技巧，让从一开始就关注的人不会断掉。

也就是说，在你发布了第一条朋友圈之后，还要再发布朋友圈提醒好友，让他们记得关注结果，这个实际案例我会在后面的章节中分享，在此不再赘述。

5. 利用评论功能继续说你想说的

有时候，我们需要分享的东西比较多，如果只是发布一条主朋友圈信息，没法有更好的曝光机会，那么这个时候，你就要学会分开，把内容分成几段，然后在评论里发布，因为评论里的内容不管有多长，都不会被折叠。这样的话，每一个朋友圈的粉丝都可以看到。

6. 高能互动方程式

随着你的粉丝的增加，你不可能与所有的粉丝都产生互动，所以到了后期，你需要把有限的时间献给高质量的粉丝和铁杆粉丝。

所以，你要学会过滤高质量的粉丝和通过打标签的方式来区分粉丝。

•用"过滤器"筛选出高质量粉丝。

很多时候，仅仅通过查看粉丝的头像和昵称是无法分辨谁对你更有质量，就像我们不能通过外表判断一个人内心真实的想法是一样的。所以，我们需要做一些事情，让这些高质量的粉丝浮出水面。

对于"设计自明星"来说，高质量的铁杆粉丝是那种不管是精神上还是经济上都会毫不犹豫支持你的人，所以，我们需要通过一个"过滤器"，把他们从数以万计的粉丝里过滤出来。

如何做才能过滤出来呢？

其实非常简单，只需要你抛出一个"锚点"，给粉丝一次打赏你的机会。

举例：一次分享课程。

最近我研究了一套室内行业转型互联网营销的系统模型，可以让装饰行业的商家实现互联网的转型，让这些商家 1 年内实现 5 000 万元的收益，我准备做一个临时分享，如果你渴望听到这个干货，扫描下方二维码，支付 88 元，我拉你进入学习群，仅限今晚，只分享一次。

这样的方法就是通过一个课程的分享，过滤出那些愿意为知识买单的铁杆粉丝。

其实过滤粉丝就是如此，经常有人跟我说，他有多少粉丝，我说有多少粉丝没有用，有多少人愿意为你买单才是真正的粉丝。

•打标签。

由于人的记忆力是有限的，我们是无法记住所有通过"过滤器"的高质量粉丝的，每一次你设计一个"过滤器"都可以筛选出几十甚至几百个高质量的粉丝，如果时间长了，你就会忘记他们，或者你想找他们的时候找不到，那就比较痛苦和麻烦了。

所以，我们需要学会利用"微信昵称备注"功能，给每一次过滤出的粉丝打上标签，有了标签，你就再也不用担心会忘记，与对方聊天的时候，就能知道他的特征了。

·用心评论。

通过过滤＋打标签的方式，你在浏览朋友圈的时候，就可以快速识别出谁是高质量的铁杆粉丝，他们的朋友圈内容，你尽量用心评论回复，这样他们就会感受到你对他的关注，时间久了，他会感觉你与他的关系更深、更近了，你成为他生活中的朋友，以后对你的支持会更大，甚至义无反顾。

7. 让大咖不得不与你互动的绝招

你的朋友圈肯定有很多大咖，你希望和他们产生关系，可能有一天可以合作，让他推推你（毕竟一开始，你是没有知名度的），但是你又不好贸然出击，因为对方不一定搭理你。

如何才能让"大咖"先注意到你呢？

其实方法非常简单，就是在他每次发完朋友圈的第一时间去评论，用心评论三行，并且每一次都写三行，几次下来，大咖自然会注意你，一开始可能只是在朋友圈聊几句，随后你与他私聊就不会尴尬了。

这个方法非常简单，但是背后却有很深的人性逻辑，为什么这么简单的技巧，会那么管用呢？原因在于"人性"，你想一下，每个人发朋友圈的真正目的是什么？

其实，就是为了得到别人的关注，让自己更有存在感，虽然大咖都有
很多人关注，但是用心的人并不多。

所以，你每一次评论都用三行字，而且很用心，你感觉他会怎么想？
几次下来，他对你的认知就会发生意想不到的改变，然后你们就可以在评
论里聊上几句，这样既可以达到聊天的目的，又不会有直接聊天的陌生和
尴尬。

设计自明星朋友圈
日常发布秘诀

———————

　　粉丝除了通过与你互动聊天认知你，更多的是观察你的朋友圈。也就是说，你发的朋友圈内容决定了你的粉丝对你的认知，那么，如果你希望在他们心中认知的你，是你想要的方向，你就需要学会规划朋友圈的发布内容，每天应该如何发布，什么时间发布，发布多少天，发布内容的方式是什么等。

1. 发朋友圈的时间节点

　　作为设计自明星，每天有三个节点是你一定要发布的，并且建议你把相对重要的内容留在这三个时间发布，分别是早上 7~8 点，中午 12 点 ~13 点 30 分和晚上 8~9 点，这三个时间段都是刷微信朋友圈的高峰期，曝光度和抵达率相比其他时间段高很多。

2. 朋友圈最佳发布条数

　　内容的多少决定你内容的质量，一般作为设计自明星，每天建议发布 6 条以上内容。因为设计自明星是需要靠输出价值赢得潜在粉丝客户信赖的，所以我们发朋友圈的重点就在于让粉丝觉得我们"有料"，一直在发布有价值的内容。

3. 朋友圈内容规划方向

上面提到，粉丝是通过观察我们的朋友圈内容来认知我们的，所以每天发布什么样的信息很重要，在设计自明星包装术的那一章中我也曾提到过这些内容，即：

你让人们看到的世界，就是你自己塑造的世界。

其实，你的粉丝如果不是你生活中的朋友，他只能通过你的朋友圈内容和你分享的文章、视频等内容来判断你是什么样的人，你是否和他的价值观相同。

所以，从某种意义上来说，他们看到的世界，是你塑造的世界，因为向外传播发布的内容都出自你之手。

就像我们喜欢一个明星一样，其实不是喜欢现实生活中的他，而是导演塑造的电影世界中的他，所以，你回想一下，是不是这样的。当然，我不建议你去塑造一个与你现实生活不同的人物，而是希望你把现实中的某些个性、优点巧妙地转化到虚拟世界，让你的粉丝感知到。

那么，作为设计自明星，我们日常朋友圈发布的内容有哪些呢？

第一，设计案例解析。分享一些设计案例，解析设计案例中的奥妙之处，或者分享设计案例中的一些设计技巧。

第二，场景图解析。找一些设计场景图，分享场景图中的设计技巧、设计思维和这个场景中需要改进的地方等。

第三，你给客户设计的理念。给客户设计的方案，分享你的设计理念，把每一个设计点都加入你的设计思维。

第四，客户装修实景拍摄。工程完工以后，拍摄各种设计实景图，发布到朋友圈和微信公众号。

第五，客户合影与客户评价。做完项目以后，多与客户合影，并且留下与客户交谈的文字内容，回访客户对你的设计评价。

第六，开工与合同签订。开工和合同的签订，逐渐吸引朋友圈潜在粉丝的关注。

第七，工地直播。现在的直播非常方便，开工直播和工地直播，可以让客户关注你的项目动态；完工直播，可以让潜在粉丝客户看到完工以后的效果。

设计自明星朋友圈运营的绝密技巧

———————

通过本章的学习，到目前为止，你应该已经掌握了很多的技巧，也看到了之前没有看到的世界，了解了许多微信运营中的人性心理。

现在，我分享一下朋友圈运营的 7 个实操技巧：

1. 内容同步 QQ 空间

在我们使用微信之前，大部分人都使用过 QQ，并且现在 90 后和 00 后都特别喜欢玩 QQ 空间的"说说"（它就像微信的朋友圈一样）。你应该也有很多 QQ 好友与微信好友都是重叠的，但是一定不是全部重叠。

所以，你在发布微信朋友圈的时候，需要同步你的 QQ 空间。只需要你在发布的时候，在最底下的"五

角星"处点击一下,让"五角星"变成黄色的状态即可同步到 QQ 空间的"说说",如下图:

当然,这个地方的重点是在你的微信号绑定了 QQ 号的前提下。只要你绑定了 QQ 号,这样发布出去就会同时影响到你的 QQ 好友,并且这个动作在没有浪费你时间的情况下影响了更多的人。

2. 提醒谁看的巧妙应用

发布朋友圈的时候,底下有一个"提醒谁看"的选项,很多人没有用过,但是对于设计自明星而言,一定要用起来,不要浪费了。这个选项有两种使用方法:一种是你发布的内容和某一个人的需求相关,发布的时候就可以提醒他看。

例如,你发布了一个签合同开工的信息,这个时候你就提醒曾经咨询过你、还没有成交的客户看;

另一种是你发布设计知识分享的时候,你可以选择提醒那些有设计需求的、打过标签的粉丝客户看。

这个功能的好处是那个被提醒的人首先能看到。但是这个方法还有一个作用，就是可以影响你微信朋友圈的大咖。你每一次发布的原创内容，都可以提醒他，不管他理不理会，但是你提醒 N 次以后，难免他不会不阅读你写的内容，如果写得不错，相信他会对你有印象，对你的认知也会改变，说不定哪一天你们就有合作的机会。

3. 谁可以看的巧妙应用

发布朋友圈的时候，还有一个选项就是"谁可以看"，如果你的朋友圈有很多类型的人群,例如同行、亲戚、朋友、大咖、粉丝等不同标签的分类，那么，你就可以通过这个功能，让不同的人看到不同的朋友圈。

4. 好的朋友圈内容可以收藏

做设计自明星，不仅自己是一个知识的分享者，同时也是一个学习者，分享也源于不断的学习。所以，当我们在朋友圈看到好的内容时，记得第一时间使用"收藏"功能，这样以后想要调用的时候，只需要搜索一下"收藏夹"就可以找到了。

5. 如何查看历史消息列表

做设计自明星，通常朋友圈的点赞、评论比较多，有的时候我们打开未读消息，还没有看完或者回复完的时候，就有其他事情打断了，然后很多人就不知道怎么找回"消息列表"了。

其实非常简单，只需要在微信找到自己的"相册"，点击右上角的
"▣"就可以了。

6. 如何在朋友圈发出高清图片

用微信的人都知道，在私聊窗口可以发"原图"，但是发布到朋友圈
的时候都是经过系统自动压缩过的，这样就导致很多好的设计图片质量降
低，对于设计自明星来说，这是一个比较痛苦的事情，毕竟我们是向客户
传达美的东西。

那如何才能解决高清图发布的问题呢？

现在我教你 6 步搞定朋友圈发布高清图的问题：

第一步：选择一个你的好友，进入到私聊界面，点击右下角的"+"
后点击"相册"进入选择发送图片的界面，找到你想发送的图片并勾选。

第二步：点击勾选的图片本身，就会出现"原图"选项，点击勾选
该选项，然后点击"发送"按钮发送图片。

第三步：发送成功后，长按私聊界面中的图片，出现对话框后选择"收
藏"选项（多张图的逐一收藏即可）。

第四步：退出私聊界面，在下方按钮中点击最右侧的"我"，再点击"收
藏"选项，进入"我的收藏"。

第五步：刚刚收藏的图片就会出现在最上方，点击打开。

第六步：长按图片，出现对话框后，选择"分享到朋友圈"，然后接下来的发布方式就跟平时我们发布的朋友圈一样了，但是这样发布出去的图片就是高清图片。

7. 发朋友圈的两大禁忌

朋友圈的内容主要由"文案"和"图片"组成，怎么发的可读性更高，阅读感更舒适，这是需要方法和技巧的，但是有两个"禁忌"千万不要犯。

（1）文字内容超过 140 个字。

发布朋友圈的文案内容最好不要超过 140 个字，也就是大约 7 行，一旦超过，系统就会默认折叠。如果你的内容被折叠了，粉丝就只能看到前 6 行的内容，其他的则被省略了，如果粉丝要查看其他内容，就要点击"全文"来查看全部内容。

但是，在互联网的世界里，每让用户多一个动作，就可能会损失一部分的用户，况且一旦被折叠，粉丝就没有被吸引的机会，更谈不上点击观看了。

（2）发布的图片是 5 张、7 张、8 张。

朋友圈的图片一次可以发布 9 张，不同的张数，系统的排列展示效果

不同，1、2、3、4、6、9 的时候展示都比较好看的，但是发布 5 张、7
张和 8 张的时候就很难看，因为发布出去会缺角（你看看别人发布的朋友
圈图片就知道了）。

设计自明星必须运用的微信矩阵策略

————————

作为设计自明星，一个个人微信号是远远不够用的，因为一个微信只能容纳 5000 人，所以，我们需要拥有多个微信号连成矩阵，那么一个人如何操作多个微信号呢？

1. 借助微信多开分身软件

一般情况下，一部手机只能装一个微信。当然了，最近很多手机都可以使用两个微信了，但是一般情况下，我们不可能只有一两个微信号，所以还是需要借助微信多开软件。当然最简单的方式就是花点钱，在淘宝上找人给你定制一个就可以了，价格也不贵，只需要几十元。

2. 1 个 QQ 号多次绑定微信号

很多人都没有注意这个问题，当自己的微信满 5000 人以后，就没有办法再"添加朋友"了，最后每天都有人加好友，但是已经无法通过，所以，对外公布微信号的时候要公布你的 QQ 号，这样做的好处是，当你的这个微信人数到达 4000 人左右的时候，你就把这个 QQ 号换绑到另外一个新微信号上，之后新加你 QQ 的人自然就加到新微信上了。

绑定方法如下：

打开你的微信，点击"我"，然后点击"设置"，再点击"账号与安全"，点击"更多安全设置"，点击"QQ 号"即可，解绑也是在这里。

当然了，请你在这之前先准备好一些微信号，并一直更新你的微信朋友圈，不然容易出现你的新微信号的朋友圈没有内容，你就需要花很长时间塑造你的新号朋友圈，这样也会影响你的成交率。

通过本章的学习，你应该对如何与粉丝互动有了详细的认知，并对建立信任的重要性有了空前的重视，那么接下来，我将为你分享"让设计自明星赚钱的策略"，通过具体的策略，把粉丝价值变成"经济价值"，你现在是不是已经迫不及待了？

DESIGNER
BUSINESS
METHOD

第8章

设计师成名接单
系统

设计自明星转化收入的四大前提

营销的目的就是为了成交项目并转化成收入，如果做设计自明星还不能让你的收入发生巨大改变，那很可能是你自己的问题。

当然，前提条件是你有粉丝，但是如果你有了很多粉丝，还不能转化成交，那你所做的一切都等于白费。

因为你做这一切的目的不是为了在众人面前吹嘘自己，或者单纯地开心一下，而是希望把自己的影响力借助某个载体转化成实际经济价值。

所以，本章的重点是分享"把粉丝转化成收入的成交策略"，但是在此之前，你必须知道成交转化的四大前提＋两大秘诀＋两大障碍＋一个铁律，否则你的成交转化将无法顺利进行。

那么，现在我先为你分享成交转化的四大前提：

在设计行业，一般设计公司或者设计师采取的签单成交手段都非常单一，无法起到很好的效果。例如"交一万抵两万""签单就送大电视""签单送主材大礼包""免费设计"等，这些成交手段有用吗？有用，但是大家都在用，已经没有很好的效果了，而且都是相互模仿，毫无创新。

其实，成交需要有一套"系统成交变现的框架"流程，当你知道这些框架流程核心秘诀以后，你的成交变现将无法被模仿。

成交转化的四大前提：

1. 营销流程

设计师卖的是服务，也有可能是产品，但是不管你如何卖，都需要设计一个营销的流程，否则你渴望的结果将很难达到。例如，一个客户都还没有认可你的设计，你给他讲主材价格，你给他讲软装产品采购，显然，客户是不可能购买的。

所以，你必须要有一个流程，这个流程就像本书中所讲的方法一样，我们先输出价值，让潜在粉丝认可，再通过各种方式建立信任，然后再做成交转化，之后才能实现追销的目的。

作为设计自明星，我们的营销流程是：线上打造信任，线下见面用你的设计方案塑造价值建立信任，之后就是下一步的成交，再然后就是不断地追销，这样的营销方程式就是所谓的营销流程。

2. 成交主张

在这里要给你分享一个理念，你要永远记住，我们卖的不是设计，也不是卖产品，而是卖一个成交的主张。这个主张是什么？主张就是你今天跟我签单，我将赠送你别人没有的东西，这个东西就是你的"价值"。

例如，别人赠送的电视机，你的是一套收费万元的"硬装 + 软装"的设计方案（前提条件是你的方案确实很有吸引力，跟其他设计师完全不同，你的方案具备唯一性），同时，如果这个设计你不满意，今天你交的3000 元定金，退款的时候我退你 3500 元，并且还把这套方案赠送给你，仅限你今天交定金，过了今天我将不免费为你做软装设计的部分，只做硬装设计。

这就是一个签单的主张，当然这个方法还有很多延伸，在我的课程中也有分享过，如果你想看这次课程，可以关注我的公众号菜单栏"关于龙涛""龙涛视频"，让你领略成交主张的精髓。

特别提醒：成交主张一定要有吸引力，如果你的成交主张设计完，连你自己都不会做出交钱的行为，那么请不要进行任何营销活动，因为没有用（就像上面的成交主张，如果你的设计本身没有塑造好价值，你再做后面的成交主张，就不成立的，会适得其反）。

那么，好的成交主张应该怎么设计呢？

我给你分享一个模型公式，只需要你套用即可：

成交主张 = 解释原因 + 核心设计方案 + 独特卖点 + 超级赠品 + 零风险承诺或负风险承诺 + 稀缺性与紧迫感 + 价格

你没有看错，一个无法拒绝的成交主张就是由这些细节组合而成的。

（1）解释原因。

既然是主张，那就是你在什么样的情况下成交，就需要解释为什么要这么主张，我们不论做什么事情，都要找一个理由，其实，客户也一样。

无论你建议他们做什么，或是主张他们做什么，都要给他们一个合理的解释，至少看起来是合理的解释。

例如我刚才说的，你让别人现在给你交 3000 元的定金，你原本收 1 万多元设计费的软装设计服务，今天免费，但前提条件是，你要让他感觉到这个服务值这么多钱。

当你为他做这件事情的时候，他也许相信，也许不相信，所以，你要告诉他一个原因："因为你觉得他有对'硬装 + 软装结合，才能塑造出完美空间效果'的渴望，而且也是对你设计理念的认可，所以，如果他马上交定金，你就免费为他服务"。

当然了，解释原因还有很多说法，你可以自己去延伸，但是重点就是告诉你，你塑造好价值感以后，要给别人一个行动，要有一个主张，这个主张一定要告诉别人原因，用户才不会疑惑。

（2）核心设计方案。

我们卖的是设计服务，所以，需要通过方案图片和讲解来传递设计的核心价值所在，我们设计的定价取决于我们为别人所创造和贡献价值的大小，因此，任何成交主张都需要以这个核心服务为前提。

因为你不可能把设计往那里一放，让客户自己去琢磨。

所以，我们的设计方案就是卖设计的关键，例如，我在课程中经常说，一般的设计师都只是准备了一张平面图和几张参考效果图，然后讲的都是功能、建材。而一个懂软装的人，做的是硬装 + 软装的系统化设计方案，给客户讲的都是硬装 + 软装才能让空间更有生活品质，如何让硬装 + 软装实现美好的空间效果等，让人看了赏心悦目，心驰神往，你试想一下，哪一个更有核心竞争力？

如下图，易配者精英全案设计特训班毕业答辩方案：

生活方式 Life style

设计主题 Design theme

格调定位 style

风格定位 style

色彩定位 Color positioning

材质定位 Material localisation

原始结构 structure

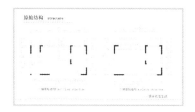

平面方案 plane plan

顶面方案 A Cinap plan

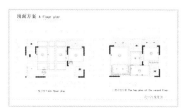

人流动线分析 Human flow line analysis

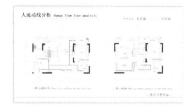

动静分区 Dividing area of sound

客厅软装方案 The sitting room

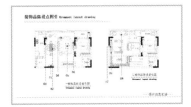

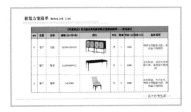

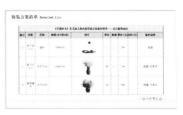

显然是上面的方案更有说服力，对吗？所以，核心价值感的塑造不是你嘴上说，而是做和说结合起来，实现客户想象与现实的共鸣。

（3）独特卖点。

独特卖点就是独一无二的销售主张，独特卖点也是你成交主张中最有杀伤力的，是竞争对手没有的，不敢有的，或者是不愿意有的。

那么，接下来我为你分享如何打造产品的独特卖点，具体有以下三个要点：

第一，产品与服务的卖点必须独一无二。

我在前面就讲过定位，定位理论里倡导不做第一，就做唯一，只要卖点足够独特，用户就更容易注意到并且聚焦。

例如，我跟学员说，如果你现在做硬装设计，你不敢说，你是某一个地区装修行业的引领者，但是你定位软装，你可以说你是本地软装设计的引领者。

如果你是用硬装 + 软装的方式来做方案，给客户讲的是全案设计，如果客户都没有见过，你是不是就是独一无二的呢？

第二，卖点必须要和客户想要的结果密切相关。

在这个信息爆炸的社会，很多设计师根本无法解读客户本质的需求，只是被表象衍生的需求所蒙蔽。如果你设定卖点时，都是围绕产品来定位，与用户内心深处想要的结果并不相关，你的转化就会陷入价格战。

例如，我问所有学员，一个客户找设计师做设计的深层目的是什么？学员总是回答得乱七八糟，根本不了解客户的本质需求是什么，所有答案都是表象而已，当围绕这个表象去定制卖点，只会陷入无穷无尽的价格战中。

其实，**每一个客户都有一个梦想没有实现，一个痛点没有去除，他购买你的设计是想得到一个最终梦想的结果，而你的设计就是要帮他实现这个结果**（如果是居住空间，这个结果就是帮他实现在这个居住环境中生活的感觉，而不是给客户讲材料、讲价格、讲功能；如果是商业空间，你需要的是帮他实现更多的收益）。

仅此而已，不必一一解释，什么主材，什么功能，什么材料，什么价格，你只需要告诉他：**"节能环保、价格合理"**，这就是你做设计师的价值，不然找你干吗？

第三，独特卖点要可以简单明了的表达。

如果你的卖点只可意会不可言传，甚至不能用一句话表达清楚优势，那你就不是独特卖点。而这个独特卖点要直击要害。

例如：全案设计师的卖点就是：硬装设计师做出来的效果图不是你最终装修出来看到的效果，而我设计的效果能够与图纸相同，实现硬装 + 软装的完美结合。

（4）超级赠品。

在整个成交主张中，超级赠品起到了至关重要的作用。提供超级赠品的目的是配合你主打的核心服务，增强客户购买的欲望，加快成交的速度。

但是，你如果想要把超级赠品的威力发挥到最大，就必须配合"负风险承诺"一起用，这样一来，即便客户购买之后对你的设计不满意，选择终止合作，他也可以获得意想不到的收益或者保留超级赠品。

很明显，这个超级赠品就是让他行动的动力，哪怕之后不合适，他也有所得，不会两手空空。这个时候，他就没有理由不行动，不购买你的服务，不跟你签单了。

那么，如何设计超级赠品？有什么特别的要求？是不是可以随便送呢？

不是那么简单的，一般有四个要点：

第一，赠品必须是有用、有价值的产品或者服务。

如果你送的东西无关紧要，并且没有实际价值，那么客户一样很难行动，虽然是送的，但是也要是最好的东西，不然等于白送。

例如，你说免装修设计费，那这个赠品价值不大，因为大家都在用，所以等于白送，还不如收设计费，可以吸引一些对设计要求高的高端客户。

第二，赠品必须和销售的核心产品或者服务具有密切相关性。

比如说你给他做装修设计，你给他送的是家用电器。有没有效果？有，但是成本太高，况且密切相关性不够高，用户行动的可能性也不够强。

但是，如果给他做装修设计，你送他软装设计服务，并且还为他提供软装布局方案。

你想一下，哪个赠品的吸引力强？哪一个赠品还可以继续赚取收益呢？

家用电器，赠送就相当于白送，后期不能产生任何收益，而软装设计服务和布局方案，后续都可以赚取产品采购的返点。

第三，赠品是免费的，但你也要塑造价值。

赠品最终是免费赠送的，但是同样也要塑造价值，要明码标价，不让用户猜它值多少钱。如果你不塑造，只是说出来你提供的东西，那么对于客户来说，一文不值。

例如：别人只能提供硬装设计服务，你不但能提供硬装设计服务，而且还能提供软装服务，同时你的软装设计服务是按面积收费的，如果小的户型，软装设计部分至少 10000 元的设计费。所以，在赠送客户服务时，你要告诉客户，这项服务原本是收多少钱的。

如果你有能力，还能提供其他方案，你也要告诉别人，你的方案对外收费最低价多少钱，例如一套软装布局方案售价 8800 元。

第四，你不得不考虑赠品的成本。

如果你送的东西需要直接成本，而且还不能在后面赚回来，这样的赠品就是无效的。综合起来，你的赠品价值要和主打产品密切相关……同时成本还要低，因为赠品直接影响你的利润，所以最好是成本低、价值大的赠品。

就像我上面说的知识类产品，它是可以被放大的，没有明确的统一规定的价格。

我建议，你设置的赠品最好能产生后续隐性收益（"签单主材八折优惠"这样的赠品就别设计了，虽然能产生后续收益，但是不具有超级赠品的作用，没有任何意义）。最后，还要和负风险承诺配套使用，威力无穷。

（5）零风险承诺或负风险承诺。

我们在销售产品和服务的时候，障碍只有两个，一个是信任问题、一个是风险问题，即使用户已经相信你，大脑里渴望与你成交，但是依然很难做到零担心、零顾虑。

比如说：这个客户已经确定跟你签单了，但是当你让他交 3000 元定金的时候，他还是渴望少交一点。其实按道理，他可以不用担心的，毕竟只是 3000 元而已，但是内心总是有某种东西在提醒他。

你花费那么大的力气，如果客户在关键时刻，要成交的时候退缩了，对于你来说损失是巨大的。所以，我们需要一个强有力的承诺，如果你购买我的服务没有达到我给你保证的结果，我把你付给我的每一分钱都退还给你，或者是多退多少钱给你等。

零风险承诺或者负风险承诺，就是只要客户不喜欢，不管什么理由，我们都会把钱退给他或者多退给他。

例如：零风险承诺是，你交我 3000 元的定金，如果你不满意我的设计，我把 3000 元全部退给你。负风险承诺是，你交我 3000 元的定金，如果你不满意，我退你 3500 元。

当然，说到这里，你可能会有一个巨大的担心，用户真的退了怎么办？

如果你不相信自己的设计实力，你在忽悠客户，那我建议你还是要多提升自己的设计水平了。但是，如果你真有这个能力，我可以负责任地向你保证，你的零风险承诺或者负风险承诺不会增加你的售后退款率，只会增加你的成交率和成交量，因为我大量测试过，几乎不会有人退单。

（6）稀缺性与紧迫感。

这是人们快速决定、快速行动的必备条件。在你的成交主张中，应该包含着两个元素，但是你要记住：**稀缺性与紧迫感必须有可信度**。

比如你说：你的软装设计服务只赠送他一个人，其他的人没有，那这个信任度就有问题，但是你说，由于最近的单子比较多，为了能更好地服务每一个客户，你最近接单少了，一是没有时间做，毕竟时间和精力有限，更重要的是必须对每一个客户负责。

如果你这样说，那信任度就会提高，而且在潜意识中告诉客户，并不是你交钱就能为你做的。

（7）价格。

我经常说，客户一上来就先问价格，如果你直接回答，一般拿不下这个单子，因为人性的特点就是如此。所以，在你没有塑造好产品或者服务的价值之前，说出价格，都是愚蠢的行为，不管是多少钱，对方都会觉得贵。

当然了，你可能说，如果我的是 1 块钱呢？那可能就会更糟糕，因为他会觉得你的东西不好，所以，无论价格高低，你都需要向客户解释为什么。

那么，如何谈价格呢？

其实非常简单，你需要先塑造产品或者服务的价值，用户购买它到底会给他的生活带来什么样的改变，会给他的身份带来什么样的改变，会具体得到什么样的结果，产品有价，服务也有价，但是实现梦想是无价的。

例如：一个客户找你做设计，一上来你就说免费设计，或者是收多少钱一平方米的设计费。免费，他不珍惜，收费，他觉得贵。所以，你还不如跟他谈空间装饰的看法和梦想，你是如何帮他实现的，然后当他问你钱的时候，你反问他，你觉得这个你愿意支付多少钱？如果他说 5000 元，你收他 4000 元，是不是就容易接受和成交了？

其实，谈价格的时候，你要说明这项服务或者产品市面上收多少钱？而你给他的服务带来的价值是多少钱，明码标价，说完以后，客户自然会判断它的合理性了。

例如：我在窗帘壁纸班上课的时候说过，但凡客户进店就问你的布多少钱一米的，不管你说多少他都觉得贵，所以，基本上都是问完就走了，但是如果你反问他，你家是什么装修风格的？需要达到什么样的效果？然后你再给他解决方案，这个时候，他还会对价格那么敏感吗？

根据以上 7 步，就可以打造一个超级有吸引力的主张了，当然，也不是所有的模块都能用上，但是有几个模块是必不可少的，**他们是：独特卖点、超级赠品、零风险承诺或负风险承诺、稀缺性与紧迫感。**

3. 成交转化和你定位的有关产品更容易

我在上面已经讲过产品服务相关性的问题，但是这里我建议你根据自己的设计自明星定位的细分领域的粉丝客户来成交转化。例如，你是"别墅全案设计的专家"，你想成交转化的客户是"餐饮全案设计"领域的，那你就很难把你现在的粉丝客户转化成收益了，因为你的粉丝从来没有看到过你做"餐饮全案设计"，他们会很难相信你的专业度。

所以，你的成交转化客户需要跟你的定位相关，这样信任度高，成交转化率就会高很多，而且也会更加容易成交。

4. 没有建立信任之前，不要成交

虽然你销售的是你的设计服务，但一个新粉丝客户加你的时候，他可能只是咨询一下而已，并不是一定就会找你，所以，千万不要着急成交，因为你着急成交他，他反而会对你有防备心理，如果这次不成，你想继续跟踪成交就会变得更困难了。

其实现实生活中也是如此，对方越是拼命地向你推销某个东西，你越想"逃离"，所以，最好的方式就是先给他解决问题，赢得信任，见机行事，但是最好是让他主动找你，而不是你主动出击。

这就是为什么在上一章中，我要讲如何建立粉丝信任的问题了，这样当你学习本章内容的时候，你就能轻松地理解。

设计自明星成交转化的
两大秘诀

————————

营销的目的是为了成交转化，而成交转化就像男女谈恋爱一样，需要一个"牵手"的动作。谈过恋爱的都知道"牵手"的重要性，牵手就等于关系更进一步。

当然，我们谈恋爱，牵手并不是目的，我们还需要有后面的一系列事情发生，而营销的目的也是如此。我们不仅仅只是为了一次成交转化，这只是我们的第一步，成交的目的是为了后面能更轻松地实现"追销"，进而提升粉丝的终身价值（后面的章节会详细讲解），获得更多的收入。

那么，设计自明星成交的两大秘诀是什么？

1. 成交的动作大于金额

既然我们成交的目的是为了获取粉丝的终身价值，那么就可以考虑转化环节不赚钱，甚至亏钱。因为我们要的是"牵手"这个动作，有了这个动作，我们就可以跟粉丝有更多的可能性，所以，第一次的成交转化金额不是重点，利润不是重点，重点是让更多粉丝可以跟我们发生"牵手"这个动作。

所以，我们要学会把产品做拆分。而利用"成交动作大于金额"这个秘诀，可以延伸很多把"利润"打造在后端的赚钱密码。

方式 1：我给学员分享一个策略，硬装设计不赚钱，可以采取靠软装赚钱的模式。如果现在开一家装饰公司，你还在用传统的方式做生意，你可能连活下去的希望都没有。而且我们开公司不只是为了活下去，而是希望做大做强。

所以我说，如果你开一家装饰公司，首先你需要差异化定位，你定位为一家"硬装 + 软装 = 全案设计"的公司，然后通过各种方式，吸引做装修的客户，只要设计满意，你可以把硬装部分的报价做到零利润，让客户先成交，之后引导客户做软装的部分，进行二次追销，从而实现利润打造在后端的目的。

方式 2：如果你开一家软装公司，你可以跟本地有实力的硬装公司合作，告诉他们，你们合作，他们把客户介绍到你这里，一旦成交，给他们 25%的利润。

可能你通过这个方式，首先没有赚到什么钱，但是你想一想，但凡是能做软装的客户，他周围的朋友也应该很有实力，通过他，你是否可以接到更多的软装项目呢？

方式 3：其实做设计自明星非常好，因为粉丝对你信任，你可以通过一个媒介，以相对较低的价格出售自己的设计方案，当粉丝购买方案后却没法执行的时候，自然就会找你做项目。

其实成交的方式和动作有很多，你要学会举一反三，就像我们做软装培训一样，如果一开始让学员交 1000 元课程学费，可能难度很大。

所以，我设置了一个 1 元 VIP 课程，只需要缴纳 1 元钱，就可以学习实体培训班收费一万多元的课程内容。

其实，这个 1 元钱，就实现了一个成交的动作，而有了这个动作之后，我们再成交其他的课程就很容易了，所以，我们的学员从 1 元钱开始，到最后总计给我们交了上万元的学费，从而实现了双赢。

2. 阶梯式成交

第二个秘诀是"阶梯式成交"，不管你销售的是什么，如果你第一次成交的金额设置得太高，那么成交率就会降低，因为那个"槛"需要跨过去是非常困难的。所以，我们需要阶梯式成交，让客户先轻松地踏出第一步，然后是第二步、第三步……最后达成目标，为什么要这样做呢？因为客户永远不会觉得第二步比第一步难。

一定要记住，赚钱只是结果，一定要给客户提供最有价值的服务，他们才会愿意一次次地选择我们。

所以，你需要把产品和服务进行拆分。

装饰设计的部分，我们可以拆分的方式很多，从设计开始，有硬装的免费设计，然后到软装的免费设计或者收费设计，之后靠软装产品返点赚钱。

而到工程施工部分，从签订项目的时候开始，可以是不包含主材，然后引导合理的主材消费，之后再继续引导软装产品的采购消费，每一步的成交都是源于上一步的铺垫。

所以，第一步的成交非常关键，如果你渴望第一口就吃成胖子，那么多数情况下你都没有吃到，可能客户就跑了，最后只能饿死自己。只有用心地为每一位客户服务，才能获得源源不断的单子。

设计自明星成交的两大障碍

不管销售什么产品，你都会在成交之前遇到两个障碍，一个是"信任障碍"，一个是"风险障碍"，接下来我要教你扫清这两大障碍，让你轻松成交。

1. 信任障碍

其实，关于信任的问题，我在第 7 章已经详细地讲过，关键在于你去不去做，只要你去做，一定会得到意想不到的收获。而这里的关键点就是需要你不断地通过价值输出，与粉丝互动，和他们成为朋友，同时你又是设计领域的专家，在他们的心目中，你就是权威领袖，就是设计大咖，就是可靠的人，那么信任就不成问题。

其实，做设计自明星就是通过价值输出，建立专家形象，然后通过互动交流，建立信任关系，之后成交，成为深层关系的过程。

2. 风险障碍

也许粉丝很喜欢你的设计，但是由于各种原因，在最后的成交环节，他犹豫了，迟迟不签单。这个时候其实就是成交风险问题，特别是设计自明星，涉及的项目大多是大项目，更需要考虑这个问题。

而风险分为"成交之前的风险"和"成交之后的风险"，成交之前他们害怕，害怕你是个人，万一设计的与你说的效果不同，怎么办，毕竟他们只是看到你的分享，还没有跟你真正成交过。所以，我们需要做客户见证，告诉他们，其实你不是第一个跟我合作的粉丝，很多粉丝都已经和我成交过了，并且得到了很好的设计效果。

所以，我在前面讲过，你需要多分享与客户的合影照片、客户完工后的实景图、客户聊天评价等。

你通过描绘设计效果 + 客户见证，一部分人会相信你，准备与你合作，但是这个时候，他们也还会有一定的担心，就是之后如果达不到他们想要的效果，那个时候，他们的利益是否能得到保障，这个时候就是前面讲的"成交主张"问题，"零风险承诺或负风险承诺"就非常重要了，它可以及时打消客户在紧要关头的犹豫，帮助你顺利成交，要注意的是，你的承诺是一定要落实的，如果真出了问题，务必兑现承诺，否则一次欺骗就意味着在其他客户那里的信任度可能降为零。

特别提醒：你可以出版一本自己的作品集，作品集里都是真实的案例和与之前客户的合影照片，当客户跟你见面的时候，先送他一本你的作品集，会使你更快地赢得客户的信任。

设计自明星的一个成交铁律

设计自明星的成交铁律："花 90% 的时间贡献价值，建立专家形象，用 10% 的时间成交"。

所以，作为设计自明星，你不需要天天发广告，而是分享你的价值和设计理念，因为这个时代，没有一个人喜欢与"卖东西"的人成为朋友。

而设计自明星，需要做一个有血有肉、有情怀、有思想、有故事、有个性的设计自明星，而你的大部分时间只需要给粉丝输出价值、传递你的思想、让你的粉丝认可你的思想并宣传你的思想。

其实，做设计自明星的好处就是，你不需要去卖东西，只要有人喜欢你分享的东西，自然就会有人找你做设计，所以，我经常说：**"不要去追一匹马，而是用追马的时间种草，待到春暖花开时，就会有一群骏马任**

你挑选"。

做设计自明星就是如此，你越是去求别人，你越是得不到，别人越觉得你没有价值，所以，你只需要做好价值输出，客户就会主动来找你做设计。

最高明的营销就是"无为"……

设计自明星定价必知的
四个秘诀

很多设计师和设计公司定价都是有问题的，一般的情况都是参照别的公司来定价，而不是根据自己的情况来定价，其实这个问题重点在于不知道如何定价，那么，我现在分享给你四个定价秘诀。

1. 人们对价格是没有认知的，都是对比出来的

就像我们设计公司收设计费，如果你告诉别人，你的设计需要收 20 元一平方米，这个时候，在客户的心目中就会比较，说别人不收设计费。

但是当你拆分几种模式，收费就变得很容易了，例如：一种是免费、一种是收费低、另外一种是收费较高的，分别列出免费的设计提供哪些服务，收费低的提供哪些服务，收费较高的提供哪些服务。

试想一下，一般的人会选择什么样的服务呢？

所以，价格的高低是对比的，你只需要制定出不同价位的服务体系，让客户自己比较，自动选择即可，根本不像你想象的那样，不签单或者不好签单是因为你收不收设计费的问题，也不是你收多少的问题，而是你给客户一个收费标准的选择问题。

看到这里，请你认真研究一下你们的价格体系，要学会变通。

2. 人们只会在相对的空间内对比

价格不仅是对比出来的，并且是人们通常只能在相对空间内对比出来的。美国的《经济学家》杂志做过一次实验，以前他们卖杂志都是卖两个版本，一个是实物版本，100 美元，另一个是电子版本，内容是一样的，60 美元，通常情况下，80% 的人会选择电子版本，20% 的人会选择实物版本。

按照这样的模式来计算销售额（假设这里购买数量为 100 人）：（80 人 ×60 美元 / 人）+（20 人 ×100 美元 / 人）=6800 美元，也就是说，如果他们的订购人数不增加的情况下，要增加销售额只有一种方式，增加客单价。

那么，如果在什么都不变的情况下，还是同样的两个版本，同样的杂志内容，但是成交主张发生改变，他们的销售额会发生怎么样的变化呢？

方案如下：

实物版 100 美元，电子版 60 美元，实物版 + 电子版 105 美元。

我想问一下，如果是你，你会如何选择？或许 80% 的人都会选择"实物版 + 电子版"，10% 的人选择实物版，10% 的人选择电子版，就是在这样不增加任何成本的情况下，销售额提升到了 10000 美元（按照上面的设定计算）。

因此，不难发现，其实人们对价值的判断是没有绝对标准的，原本《经济学家》杂志的客户是在 60 美元和 100 美元之间做选择，后来加入"实物版 + 电子版"这个选项之后，人们就在 105 和 160 美元之间做比较了。

就是这样，在有限的时间和空间里，只要展示的等级不同，人们就自动对其进行对比，然后选择看似最佳的那个，以免自己吃亏，而所有人的认知都是建立在这个对比之上的。

但是还有一种方式：如果这个《经济学家》杂志调整一个策略， 实体版：100 美元，电子版：60 美元，实体版 + 电子版：100 美元。

你认为会得到什么样的效果呢？

结果只有一个，人们会认为搞错了，然后疯狂地下单。

其实通过这个案例，你应该有很多的启发和灵感，但是我告诉你，在设计领域，我们也可以设计出和客户装修日志绑定在一起的产品，就是你可以设计一个相册，赠送给客户，让客户留有回忆，那么这个时候，你就可以收设计费了（这里只是一个思路，具体的你可以依据实际情况而定）。

3. 你的东西值多少钱，取决于多少人在说它值多少钱

除对比因素外，你的东西值多少钱，还取决于有多少人说他值多少钱。社会心理学中有一个现象，就是人们更愿意相信你我之外的第三方。

比如，你说你的设计费是收 300 元一平方米，也许没有人相信，但是如果很多客户都找你做过设计，确实也是收了 300 元一平方米，那这个时候就会有人相信你就应该收 300 元一平方米。

如果再有一些设计大师说，你的设计收 300 元一平方米已经很低了，这个时候，客户的认知就会发生改变，找你的人就会觉得你值这么多钱了。

比如：你出了一个作品集，里面有客户说，你才收 300 元一平方米的设计费，确实物有所值，超过了他的预期，非常感谢你。如果你现在的客户看到你作品集里的这句话，那么，你收费还会困难吗？当然，你提供的服务最好超过 300 元，才能让客户从心底认可你，从而宣传你。

特别提醒：设计师需要学会借力，让大众认可的名人给你做信任背书，说明你的才能、情怀、格调；让客户为你做见证，说明你所提供的服务的价值远超定价。

希望你学完这本书以后，拓宽思路，一路前行，成为客户心中的设计大咖，轻松接单，潇洒生活。

4. 任何东西在没有塑造价值之前说价格都是愚蠢的

这一点，我在前面已经讲过了，这里不再赘述，但是我给你举一个我

的例子，如果一个人咨询易配者的课程价格，我会问他是做什么的？现在做得如何？遇到了什么瓶颈？对软装行业有了解吗？对易配者的课程体系有了解吗？

当把这些问题给他讲完，塑造完价值以后，他会理所应当地付钱，但是如果他一开始咨询课程，你就告诉他线上学习需要 1850 元，他会觉得价格贵，而再三考虑是否选择报名课程。

所以，请记住，任何时候你都需要给你的产品塑造价值，提高你的锚点，用户就会觉得便宜。

比如，我在设计课程价格的时候，我会描述他的价值，这样的课程跟某些实体培训机构比，他们收费是多少钱？在我们的线上，由于一对多的关系，原本 1 万多的学费，现在只收 1000 多块钱，这样对比下来，客户就会觉得很便宜了，而实际上这样做对客户来讲也非常合适，物超所值。还是那句话，要实现双赢才能更长远地走下去，而不是只做一次性的交易。

设计自明星变现的三种模型

———————

前面已经讲过，做设计自明星不是为了自嗨，一切都是为了变现服务，那设计自明星变现的模式有哪些呢？

1. 打赏变现法

在移动互联网时代，很多人已经愿意为知识付费，如果你的粉丝中有大量的设计师，他们只要在你这里学到东西，你的每一篇文章底下都可以有打赏服务，只要你告诉别人一个打赏的理由，自然会有人愿意为价值买单。

方法：微信公众号有原创功能，只要你坚持一段时间发布公众号内容，官方就会邀请你开通原创保护功能，与此同时就可以开通打赏功能，如果你的粉丝觉得你写的东西好，并且给他们一个打赏的理由，粉丝自然会给你打赏的。我曾经也开通这个打赏功能，一天可以获得几十至几百元的打赏收入。

2. 读者粉丝社群变现法

读者粉丝社群是一个超级厉害的可实现变现的群体，当你的粉丝到达一定数量的时候，很多粉丝渴望向你请教问题，渴望近距离与你接触，这个时候，你的粉丝也需要进行过滤，因为你不可能有那么多时间和精力为所有的粉丝服务，为所有的粉丝服务的同时可能会拉低服务的质量。

所以，你可以成立读者粉丝社群，让有忠诚度的粉丝跟你近距离的接触，其中一个有效的过滤方式就是收费。我的一个朋友，他是写网络营销的，写了半年的时间，聚集了几千个粉丝，然后就开始建立自己的粉丝社群，一年的时间有了几百个忠实粉丝，收入达到一百多万元。

3. 项目承接变现法

做设计自明星，最大的收入是用自己的知名度更好地承接项目。我在前面就说过，你的知名度和影响力决定你的收入，所以，你不但要具备网络推广的能力，还需要具备承接项目的能力，因此，你定位好自己的发展方向以后，请你静心地研究你所定位的细分领域，让自己的设计实力得到快速提升，满足你承接项目的实力需求。

我在前面已经说过，我的一个朋友就是用设计自明星的做法，每天的项目自动找上门，根本做不过来。

其实，设计自明星的变现模式有很多，你在做设计自明星的过程中会发现。当然，我这里还有一个大招，让设计自明星轻松接项目，别人为你效劳的秘诀，但是目前你还用不上，或许你也理解不了其中的奥妙，但是你有了大量的粉丝和客户的时候，你再来找我，我推荐给你这个解决方案。

　　特别提醒：这三个变现成交法都建立在我前面分享的内容里，请你好好地运用所有章节分享的内容，如果你还是有不明白的地方，加我的微信，我帮助你完成这个过程。

DESIGNER BUSINESS METHOD

第9章

设计师成名接单术是怎样炼成的

放大粉丝终身价值的秘诀

通过对第 8 章的学习，你已经掌握了潜在粉丝客户的成交转化秘诀，那么，接下来是你第一次成交的运用。

现在，很多实体店都在说没有客户，很多设计师、设计公司竞争激烈，客户越来越少，其实问题的关键在于你没有发现自己是有客户的，只是大多数时候，你把客户变成一次性的而已。

因为你和客户只做了一次成交，所以你浪费了大量的机会，相当于浪费了 90% 的利润，也就是说，你通过新客户赚到 100 万元，那么你其实是浪费了 900 万元的利润，因为那部分利润你没有看到。

这并非危言耸听，其实只是你看不到他的存在，所以感觉不到浪费而已，但是今天，我需要你重新认知，一定要记住，你的每一个老客户后面都还有很多可以开发的潜在后端，我们一定要学会利用"粉丝的终身价值"。

1. 粉丝终身价值的重要性

如果有一个选择的机会，你是愿意花 20 万元引进 100 个客户，赚取 200 万元，还是愿意花 1 万元引进 100 个客户，赚 200 万元呢？

你当然会选择后者，但是大多数人都是采用前面的模式，很多设计师、装饰公司、建材商家每一天都在想如何开发客户和成交客户，但是成交过的客户，全部被抛到脑后，并且有的心想，能少打交道就少打，因为害怕麻烦，但是在做各种促销活动的时候，又希望他们介绍人来，让他们的朋友继续找我们做设计、买材料。

所以，从今天开始，你要重点维护成交过的客户，促使他们二次成交的同时介绍新的客户（这里有人会说，装修的客户有二次成交吗，我在前面已经说过，你成交了装修的部分，他还有软装的部分，你成交了软装设计的部分，还有软装产品的部分，这些都是二次成交的产品或者服务，关键要看你的实力和思维了）。

总之还是那句话，放大粉丝的价值，把 10 万元的收益放大到 20 万元甚至是 100 万元，只有这样，你在签单数相同的基础上才能获取更大的收益。

2. 粉丝终身价值计算公式

这个计算公式其实非常简单，就是"客户平均交易额 × 每一单的交易次数 × 可持续年数 = 粉丝终身价值"。例如一个硬装的客户成交 10 万元，如果这个客户再次成交建材产品 5 万元、软装设计费 1 万元、软装产品 50 万元，那么，这个原本 10 万元的单子就变成了 66 万元，如果这个客户每一年都给你介绍客户呢？

所以，不管你是不是设计自明星，但是你一定要记住这个公式，因为它可以帮助你轻松盈利。

3. 横向放大客户的终身价值

其实在上面的粉丝终身价值计算公式中我已经明确写出来了，在此就不赘述了。同一个装修客户，不同阶段会有不同的需求，我们只需要找准他的不同需求，把我们优质的服务和产品"再销"给他即可。

4. 学会将事物"一拆为多"

其实，很多设计师、设计公司都没有这方面的能力。总是想一次性完成所有的销售，甚至有些公司通过欺骗的形式漏报项目来实现。但是这种做法一来很容易被客户识破，或是做完后醒悟过来；二来这种欺骗的做法根本不是长远发展的手段，只有灵活有效的策略加上为客户考虑的方法才能最终实现发展的目的。

我现在就教你一个将事物"一拆为多"的方法。其实很多时候，你会发现，消费者比较容易接受分开消费的方式，就像咱们的装修设计行业，如果一个客户找你做设计，你就把设计费、所有报价都做出来给客户，他们可能会觉得很高。

但是如果你把一个项目拆分为：**设计部分报价（当然，可能很多人都**

不收设计费）、水电部分报价、瓦工部分报价、木工部分报价（包含主材的报价）、做软装设计的报价、软装产品采购的报价等，告诉客户一个标准，一个一个地做，做好以后再进行第二项的工作，如果第一项做不好，可以不付钱，这样下来，给客户的感觉是分开的，价格看起来不贵，但是每一项都做下来，价格还是一样的，你也不需要用漏项的方式来签单了。

其实我的课程体系是一样的道理，从一开始的软装设计体验班，然后是全案设计班、国际软装产品选配高研班、设计师形象礼仪班、明星设计师包装班到实体的 10+3 软装实训班、装饰行业转型互联网营销班等，都是把事物拆分的结果，从基础到提升，一步一步地实现多次追销的目的。

你想象一下，如果我把所有的课程都放在一起，一次性售价 2 万元，会有人报名吗？但是，当我把课程拆分为 1 元到几百，再到一千多，被认可以后还有更高端的几千到上万的课程，每一次报名的课程都是从最基础的开始，慢慢叠加消费，最后大部分人都会平均在我们这里消费 3~5 次甚至更多，这样客户也不会因为一次性支出过高而承受不起，还可以随时选择自己适合的课程。当然，好的内容是学员不会放弃的。

作为设计自明星，你也要学会拆分自己的服务模式，让你的潜在粉丝客户分开成交，降低门槛，引导客户一步步完善自己的需求。

1000 名铁杆粉丝让你的生活无忧

到现在为止，你已经对设计自明星有了系统的了解和认识，从定位、包装、轻松吸粉、成交转化、粉丝终身价值一路贯穿下来，你只需要按照设计自明星路线图一步步相继推进，每走一步都会让你有意想不到的收获，从此你也会发现接单变得更加轻松快乐。

这本书教你如何从不懂营销、没有知名度的普通设计者开始，一步步成为设计行业的掘金者，但前提条件是需要你正确地执行和耐心地坚持。一路走来，通过一步步对粉丝的过滤最终筛选出真正的铁杆粉丝，从而让你的生活轻松无忧。

1. 什么是铁杆粉丝

铁杆粉丝是指：无论你做什么，他都愿意购买或者愿意尝试跟你合作，比如你出书，他愿意购买；他有项目，他愿意尝试跟你合作；他朋友有项目，会极力地推荐你。你在哪里办活动或者开见面会，他会不远千里或者推掉其他事情参加。

其实，铁杆粉丝就是那种不管在精神上还是物质上都对你高度支持的群体。

2. 为什么是 1000 名铁杆粉丝

凯文·凯利（"预言帝"KK）说过"任何创作艺术的人，只需要拥有 1000 名铁杆粉丝便能糊口"。

设计自明星跟明星一样，只要有一段时间不曝光，不输出价值，很多人就会遗忘你的存在，剩下为数不多继续关注你、默默等待你的只有铁杆粉丝。

因为每一个设计自明星粉丝群体里，都有一群"伪粉丝"和一群"弱粉丝"，他们从表面上看起来跟铁杆粉丝没有区别，但是一旦你有负面舆论，他们可能是第一批离开你的人，并且有的会反过来攻击你。

例如，你一直都在免费分享你的设计方案和设计知识，如果你有一天要收费了，这些"伪粉丝"和"弱粉丝"就会跳出来说"你变了，看错你了"，这也是你走设计自明星的道路会遇到的问题，但是铁杆粉丝不会，他会对你不离不弃，还会出钱出力地支持你。

那么，铁杆粉丝为什么会对你不离不弃呢？

原因很简单，因为他们与你的价值观、爱好、性格、思维最有共鸣，他们知道你是什么样的人，不会受别人左右，他们能看到其他粉丝看不到的一面，所以他们会一直支持你。

在没有微博、微信之前，特别是 PC 互联网时代，大部分设计师很难进行个人营销。因为在设计领域，只有顶尖的才能赚钱，所以，为什么那些所谓的设计大咖能收几千块钱一平方米的设计费，而普通的设计师连设计费都收不到。但是这些设计师中，就都没有能力吗？

其实原因就在此，没有一个宣传自己的平台。

那么，现在机会来了，移动互联网时代，各种传播工具的普及，只要你有一技之长，不用特别出名也能赚钱"养家糊口"的。你其实不需要在一个领域做到第一名，而是需要在一个适合你的粉丝人群中，把自己建立成他们的权威，你就是他们心中的领袖。

就像我给学员说的，"你不要跟比你牛的设计师比设计能力，你要做的是成为适合你的客户心中的意见领袖，成为粉丝认可的专业、权威的设计师。"

虽然，你可能也很想做到一个领域的第一名，但是，当你拥有"1000名铁杆粉丝"时，至少也可以避免你在没有爬到第一名之前饿肚子。有了他们的支持，你才可以边赚钱边提高自己的能力，不为时代所抛弃，永远走在设计领域的前列，输出你的价值，不让你的粉丝失望，这样就不用再担心"养家糊口"的问题。

当然，设计自明星如果有了 1000 名铁杆粉丝，我敢肯定地告诉你，你基本可以实现轻松接单的目标了。

所以，你现在的重点在于要和这"1000 名铁杆粉丝"建立直接的联系，而这个建立联系最好的工具就是微信。做设计自明星就是一个叠加的过程，叠加到一定程度，你的影响力就会从量变到质变，铁杆粉丝就会越多。

所以，你输出价值的时间越长，你的粉丝就会越多，你再也不用像以前那样，每天想着如何寻找新客户。

而这 1000 名铁杆粉丝，说难不难，说简单也不简单，但是你需要记住，从你确定做设计自明星的那一天起，你就要朝着这个目标推进，这个时间可能很漫长，也可能很短。但是不管如何，关键在于你的坚持，因为你只有 100 名粉丝的时候，你还感觉不到变化，但是一旦积累到1000 名的时候，威力是无法想象的。

而本书的营销策略，可以帮你完成至少 1000 名铁杆粉丝筛选的过程，但是前提在于你正确地执行和坚持自己的核心价值输出。

3. 如何过滤 1000 名铁杆粉丝

毋庸置疑，铁杆粉丝对于设计自明星极为重要，所以，对铁杆粉丝的筛选过滤需要用心，然后为其打上专属标签。那么，如何判断谁是你的铁杆粉丝呢？其实非常简单，如果一个新粉丝一路从**"设计自明星营销导图"**走过来，那就是铁杆粉丝了。

铁杆粉丝项目过滤法

你想想，一个对你完全没有认知的潜在粉丝，看了你的设计文章或者一次演讲、一段视频，然后就开始关注你，看了你的所有分享，一直跟踪你的动向，然后找你做项目，或者介绍朋友的项目给你，这样的粉丝就是你的铁杆粉丝了。

这个时候，你就要把曾经找你做项目或者介绍给你的粉丝名单都统计下来，打上专属标签，重点维护，他们就会不断地为你做信任背书，不断介绍新的项目。

易配者成为行业领先者的
营销奥秘

—————————

　　"商业模式"和"营销模式"是"战略设计"的重点，易配者为什么能从一家只投资 2 万元，只有一个员工的公司，经过两年时间的发展，到现在成为拥有 23 个加盟城市、2 家直营公司、6 家合伙人规模的公司。

　　三年内累计培训出了 4000 多名设计师，VIP 学员达 30 万人以上，线上线下活动影响人数达上百万人，成为了中国软装培训行业国内学员体量最大的、唯一 一家线上线下结合的软装设计师培训机构。

　　那么，现在我将从"战略设计"的层面给你分享，我是如何运用"商业模式""营销模式"的技巧成就易配者的。

1. "商业模式" 决定了今天的地位

　　目前，中国的软装行业处于发展阶段，人才匮乏、资源错位，而此时正好需要资源和人才的整合对接。

所以易配者选择从培养人才开始。

也就是站在整个行业的高度来制定"战略设计"，而在我制定的商业模式中，跟其他机构不同，易配者做培训的目的是通过从软装培训开始聚集人才，掌握人才渠道，之后通过人才的培训获取项目和软装产品资源，最终实现整合整个行业产业链的目的。

说到这里，可能有人说，你的培训又不是免费的，怎么不是为了赚钱呢？

这里，我想要告诉你一个理念："**收费不等于赚钱**""**免费是有效的营销模式**"，而关键在于"**免费不等于让用户学不到东西**"。

在软装培训行业，一个 20 天的培训，线下收费 10000 多元，线上收费 3000 多元，而易配者 3 个月的线上培训、86 个课时的教程，只收费 1000 多元，线下培训 10 天左右才收费 4000 元左右，这样的培训你觉得是赚钱吗？

为了能够快速占领市场，我们必须采取零利润的模式获取大量的学员。

在大方向确定下来以后，接下来就是营销模式的问题。

2. "营销模式" 如何实现惊人的结果

要想快速占领大量的市场，其中简单有效的营销模式就是 "平台模式" 和 "免费模式"。

为了把易配者打造成一个设计师的培训平台，我们选择不做项目，而是有项目免费对接给学员，再利用学员的力量本地化运作项目，实现整合资源的目的。

因此，我们率先选择线上培训的模式快速聚集人才，之后开始以线上线下结合的教学模式，让学员理论与实践相结合。

平台模式确定以后，我们需要采取 "营销模式" 中的 "免费模式" 来快速打入市场，接下来我将告诉你我们是如何做的？

我通过 9 个行之有效的方法，在 10 个月内快速成功：

（1）QQ 营销之行业数据积累。

一个新的行业，做搜索引擎优化（SEO）、做竞价广告是不可能实现的，那么我如何做呢？

我采用了一个最笨的办法，也是最有效的办法，我购买了 1 个营销QQ，通过软件，迅速导入 7 万装饰行业人员数据，也就是潜在客户数据。

后来我又购买了 90 个企业 QQ，开始利用各种工具加装饰行业群，按地域、按类型、按行业不断加群，导出群成员，把加到的群成员邀请进入我们的 QQ 群和加为个人 QQ 好友，把潜在客户变成实际客户，由自己把控。

在客户不断累积的过程中，整个行业的 QQ 群基本被一扫而空，营销 QQ 达到 7 万以上好友，90 个企业 QQ，每一个 QQ 平均有 300 个群，群人数平均 300 人，这就积累了 810 万左右的数据。

这样的数据虽然已经很多，但是还要挑选精准数据，所以我们通过吸引的方式，把对软装设计培训感兴趣的客户吸引到我们的群，再一次做了客户过滤，一个星期可以过滤 5 个 500 人的群。

首次潜在客户过滤，就是在群里发广告，通过广告内容告诉他们，我们有一套价值多少钱的软装设计师教程，只需要他帮我们转发本条信息到他自己的群，然后加我们的 QQ 群，我们立刻赠送他这个礼物。这样发出去以后，感兴趣的人就会加到我们的新群里面，也就实现了一次过滤。

然后再做二次过滤，我们把实体培训班收费 1 万多元的课程组成一个班级全部免费分享，只要你想听课，直播课程全部免费学习，如果你想要进入这个班级群，只需要交 1 元钱即可终生学习。这样就实现了二次过滤。

再次强调，这个方法虽然可以在短时间内积累大量潜在粉丝客户，但你务必要提供真正有"含金量"的内容，无论是免费还是 1 元学费，你所提供的内容一定要具有实用价值，这样才能让粉丝真正留下来，否则他们中的很多人会很反感这种方式，反而产生不好的影响。

（2）微信营销之自媒体运营。

我们开通了微信订阅号、员工业务个人号。

订阅号：我们专注分享有价值、精挑细选的行业相关知识，在学习论坛推广，YY 课堂推广，每一天可以获取 200 人左右的粉丝客户，到现在为止已经有 20 万的精准客户。

员工微信号和我的个人号：目前员工个人微信号和我的个人微信号好友总人数达 100 万左右，每一个月可以给公司带来 50 万元的业绩。

要注意，员工的微信号也要严格把关，保证发布内容的质量。

（3）软文推广。

写大量关于软装设计行业的重要性软文，因为行业刚开始没有几年，需要引导客户去进行有效的学习。

微信公众号、个人微信号、QQ 空间、自媒体平台、行业论坛、我的个人博客都在分享行业性的软文，实现快速推广教育的目的。

（4）高价值视频课程免费学习。

把其他实体培训机构收费万元的课程，利用 YY 公开课、腾讯课堂和现在的微信直播课堂快速聚集人气，对他们免费进行专业知识培训，提供足够多的内容，让听课的人收获多多。

（5）视频传播。

把所有直播课程录制成视频，上传到所有视频网站，寻找大量相关客户搜索关键词，进行关键词布局，传播视频课程。

（6）开通腾讯课堂。

上传所有的视频到腾讯课堂，免费给别人学习，录播课程和直播课程到腾讯课堂，再次从 QQ 引流，当时如果在腾讯课堂搜索"软装"，99% 的是我们的录播课程。这样就达到最大化宣传、带来更多客户的效果。而在我之前，所有的培训机构都不会公布这些课程，因为他们靠这些课程赚钱。

（7）开通网校。

开通网校，凡是学员都可以到网校重复学习。

（8）优惠政策。

老学员报多门课程可以享受累计优惠，老学员带新学员，给老学员返学费的同时，对他所带的新学员实施平时没有的优惠，让老学员有面子的同时还可以赚钱。

（9）网络课程免费学习。

整理好我们的软装设计师教程，免费送出去给软装设计的学习者和从业者，激发他们的学习兴趣，从而主动参加线上培训课程。

方法只是术，制胜法宝都在细节的把握上，更多的执行细节在此就不一一表述了。

当然，我们所做的一切都是以宣传推广为目的，宣传可以分为自我宣传和客户口碑宣传，客户口碑宣传就需要不断完善细节，提高客户满意度，这样做的结果是学员学习更自由、轻松、灵活了，同时维护老客户，介绍新客户。

也就是说，我们做了一个低价格、高价值、高服务的超值学习课程，远远超出客户预期的在线学习体验。

除了以上介绍的方法以外，还有哪些行之有效的策略呢？请你拭目以待……

其实所有的商业模式和营销模式都需要你想明白你的用户是谁，他们有什么痛点，你有什么方法和产品可以解决他们的痛点，同时能够找到用户在哪里，然后如何让他们知道你，使用你的产品，最后成为你的忠实用户，让用户成为你的宣传员和粉丝，让用户比你还要希望你能够更成功。所以，互联网思维在于运营策略和方法，学会了，你将终身受益。